气象灾害100问

主　编　陈　强
副主编　张宏建　吴　疆　马文迪

气象出版社
China Meteorological Press

内 容 简 介

2020年5月至2022年，全国气象部门开展了台风、旱灾、暴雨、高温、低温等灾害危险性基础研究，编制、修订了10种气象灾害20部灾害调查和风险评估技术规范。本书通过收集、整理气象灾害风险调查成果，重点对我国各地出现的具有重大影响的气象灾害，如天气、气候灾害和气象次生、衍生灾害，以及社会公众日常关心的问题以问答形式和通俗易懂的表达方式进行介绍。阅读本书可增强人们对气象灾害的认识，从而达到趋利避害，提高防灾、减灾、抗灾的能力。

图书在版编目（CIP）数据

气象灾害100问 / 陈强主编 ; 张宏建, 吴疆, 马文迪副主编. -- 北京 : 气象出版社, 2024. 8. -- ISBN 978-7-5029-8286-7

Ⅰ. P429-49

中国国家版本馆CIP数据核字第2024LK4468号

气象灾害100问

Qixiang Zaihai 100 Wen

出版发行：气象出版社

地　　址：北京市海淀区中关村南大街46号　　邮　　编：100081

电　　话：010-68407112（总编室）　010-68408042（发行部）

网　　址：http：//www.qxcbs.com　　E-mail：qxcbs@cma.gov.cn

责任编辑：黄海燕　　终　　审：张　斌

责任校对：张硕杰　　责任技编：赵相宁

封面设计：楠竹文化

印　　刷：北京建宏印刷有限公司

开　　本：710 mm × 1000 mm　1/16　　印　　张：6.5

字　　数：128千字

版　　次：2024年8月第1版　　印　　次：2024年8月第1次印刷

定　　价：48.00元

前 言

Preface

回溯既往，人类社会始终与自然灾害同生共存，防灾减灾、抗灾救灾是人类生存发展的永恒课题。洪涝、干旱、台风、地震……我国是世界上自然灾害最为严重的国家之一，灾害种类多、分布地域广、发生频率高、造成损失重。统计数据显示，2020 年各种自然灾害共造成 1.38 亿人次受灾，10 万间房屋倒塌，1995.8 万公顷农作物受灾，直接经济损失 3701.5 亿元。这警示我们，必须时刻保持忧患意识、敬畏心理，努力认识灾害规律、主动防灾减灾。

2020 年 5 月，国务院办公厅印发《国务院办公厅关于开展第一次全国自然灾害综合风险普查的通知》，旨在通过普查摸清全国自然灾害风险隐患底数，查明重点地区抗灾能力，客观认识全国和各地区自然灾害综合风险水平，为中央和地方各级人民政府有效开展自然灾害防治工作、切实保障经济社会可持续发展提供权威的灾害风险信息和科学决策依据。气象灾害作为自然灾害中的一种也被列为普查对象。近三年来气象部门针对台风、干旱、暴雨、高温、低温等灾害风险底数进行了全面普查摸底，已制（修）订 10 种气象灾害 20 部灾害调查和风险评估技术规范。

为了帮助公众提高对气象灾害的认识，增强防灾、抗灾意识，本书在收集整理气象灾害风险普查结果的基础上，筛选出一些全国范围内发生的影响较大的气象灾害，包括天气、气候灾害和气象次生、衍生灾害，进行侧重性解析。这些灾害对人类的生命财产安全、国民经济建设及国防建设等都造成了严重的损害。同时，本书对公众关注的许多相关问题也进行了问答式的解读。

本书编写工作由陈强主持和组织实施，并负责全书内容的审定。张宏建、吴疆、马文迪协助初审。编写工作具体分工如下：气象灾害部分由陈强、吴疆、张宏建、何建业、陈佳执笔，干旱灾害部分由白鑫、吴疆、陈强、赵雯涛、陈佳、张宏建执笔，低温冷害部分由何建业、赵雯涛、白鑫、张莉、雒璇执笔，大风沙尘部分由张莉、白鑫、张洪杰、马文迪、东方、雒璇执笔，冰雹灾害部分由陈强、张洪杰、张莉、陈佳执笔，高温灾害部分由何建业、马文迪、张宏建、东方、张洪杰执笔，暴雨洪涝灾害部分由赵雯涛、薛镇、雒璇、宋昊泽、东方执笔，雷电灾害部分由陈强、宋昊泽、东方、孙彬、徐志越执笔，雪灾部分由宋昊泽、陈强、东方、孙彬、李溪楠执笔，台风灾害部分由王义涵、陈强、徐志越、孙彬、马文迪执笔，雾灾部分由陈强、吴疆、薛镇、李溪楠、雒璇执笔，酸雨部分由陈强、徐志越、李溪楠、王义涵执笔，霾部分由陈强、吴疆、薛镇、宋洁执笔，干热风部分由陈强、王义涵、宋洁执笔，附录由吴疆、陈强、宋洁执笔。在本书的编写过程中，内蒙古自治区气象局防雷专家刘晓东、乌海市气象局气象服务专家赵旭春等提出了宝贵意见，内蒙古自治区气象局气候中心、宁夏回族自治区气象服务中心、银川市中关村中学的同志也参与了本书的部分编写工作，同时，本书参考了大量气象灾害方面的研究成果和科技论文、论著，这里不一一列举，在此对相关作者深表感谢。

由于时间和水平所限，书中错漏之处在所难免，不足之处请读者提出宝贵意见和建议，以便今后改进。另外，本书是在乌海市气象局专项经费的资助下完成的，特此致谢！

作　者

2024 年 5 月

目 录
Contents

气象灾害

1 气象灾害定义和种类

气象灾害是指大气对人类生命财产、国民经济建设、国防建设等造成的直接或间接损害。它主要由天气、气候灾害及气象次生和衍生灾害构成。中国幅员辽阔，气候复杂，是世界上自然灾害频发、灾害种类繁多、经济损失严重的国家之一。

气象灾害的种类主要有暴雨洪涝、干旱、热带气旋、低温冷冻、大风、冰雹、雪、雾、沙尘暴、雷电等。这些灾害大体上可以归纳为天气灾害和气候灾害两大类。

（1）天气灾害

天气灾害是指由大面积或局地性、持续性或突发性、短时间内剧烈的异常天气引起的灾害，如大规模的寒潮、台风等，以及局部地区出现的暴雨、冰雹、龙卷等。其中，暴雪和冻雨对农业、交通、电网等均有较大危害。

（2）气候灾害

气候灾害是指由大范围、长时间、持续性的气候异常引起的灾害，如长时间的高温或低温、降水过多或过少，引起的洪水、干旱、低温和寒害等灾害。气候灾害对农业、生态、工业、农牧业、水利、交通、电力等都有很大的危害。

上述两种类型的气象灾害都属于常规的气象灾害，它包含了极端天气和由极端天气引起的社会、经济和人身伤害。但是，由于多个领域之间的交叉和融合，气象灾害的内涵被不断地扩展，又可以划分成海洋气象灾害、农业气象灾害、森林气象灾害等。可以说，这些灾害都是由气象灾害产生的，但是，在更广泛的意义上，它们都是由两个领域的共同因素或者是交互作用导致的。例如，海洋气象灾害是指在天气、气候等因素的影响下，海洋及滨海水域发生剧烈运动，以及海洋自然环境发生异常改变，如风暴潮、海啸、海冰、海雾等。这样的运动与改变超出了人类对气候的适应范围，将对人类生命和社会经济造成严重破坏，从而触发与海洋有关的气候灾害。

2 气象灾害成因

引起气象灾害的因素很多，但从成因上看，可分为自然因素、人类活动与社会经济因素。

（1）自然因素

就自然因素而言，最为根本的是大气环流和天气过程的异常。下面列出影响中国天气和气候及其异常的主要因子。

① 亚洲季风

中国地处亚洲季风区，受东亚季风强烈的影响，具有典型的“干冷型”特征。冬季，来自北极的强冷空气经常向南移动，造成强烈的降温、大风等天气变化，从而导致低温和大风。并且，冬季大风往往会引起严重的冰雪灾害，对牧民造成的损失很大；但如果东亚地区的冬天风力较小，则很有可能导致中国的冬天温度较高，给翌年的粮食生产带来很多的负面效应。此外，冬季风的强弱也会对下一年度的沙尘天气次数 / 日数及强度产生一定的影响。

东亚季风的变化对中国的干旱和洪涝也有重要影响。要理解东亚季风系统对中国旱涝的影响，首先需要理解它对中国降水有怎样的影响。东亚季风具有显著的向北移动和向南撤退特征，每年的 5 月中旬到 6 月上旬，它会影响中国华南地区，并于 6 月中旬北跳至长江中下游一带，在那里维持至 7 月中旬，然后再次北跳，影响华北和东北地区。从 8 月下旬开始，由于西伯利亚冷空气的加强和南侵，夏季风开始从北方迅速撤退至长江流域，在 9 月上旬回到中国南海北部，至此完成夏季风一次南北向的季节进退过程。伴随着夏季风环流的进退，在季风前缘会形成季节性雨带，雨带控制某个区域，则该区域进入雨季；雨带移走，则该地降水迅速减少。因而，东亚夏季风影响的时期，也就是中国尤其是中国东部降水最为丰沛的时期。然而，每一年东亚夏季风到来早晚、强度大小、向北推进程度都有明显不同。夏季风的这种年际变化，就直接造成了每年季节性雨带的显著差异，也就是说，季风降水的时、空分布每年都可能不相同。降雨时间较长、强度较强的区域，降雨量偏多，易致暴雨洪水；降雨时间短、强度较弱的区域，降雨量偏少，易致旱灾。另外，在通常情况下，当季风环流变得较常年更强时，暴雨会北移至更远的地方，造成中国北部的涝，而南部的旱就会加重；反之，如果季风偏弱，暴雨中心地带就会偏南，从而使得中国南部多受涝，而北部多受旱。东亚季风也是影响中国台风、暴雨、雹灾等灾害天气的主要天气背景，对这些灾害的频次、强度、空间分布等都有重要影响。

② 青藏高原

青藏高原不仅是亚洲季风形成与演化的关键地区，同时也是影响中国天气、气候的重要因素。青藏高原作为大尺度地形，对周边大气具有较高的加热能力，能够持续地向大气输送热量，进而对周边区域的大气环流、温度、降水及水汽输送产生重要影响。青藏高原热力过程是青藏高原夏半年南亚高压的重要组成部分。而南亚高压作为北半球夏季最大的大气活动中心，与中国长江流域降水存在着密切的联系。当南亚高压中心位于 90°E 以东时，气象上称为南亚高压的东部类型，长江中下游降水偏少，容易发生干旱；当南亚高压中心位于 90°E 以西时，则称为南亚高压的西部类型，长江中下游多雨，容易发生洪涝灾害。此外，4—6 月青藏高原对大气的感热作用最强，所以这时高原上的大气增温速度很快，青藏高原南、北两侧的温度梯度及邻近高原的大气环流会发生明显的变化，副热带西风急流由南向北突跃，东风急流在南坡形成，同时西南季风爆发，长江流域及日本进入梅雨季。

青藏高原地形的影响，与东亚西风急流的生成和东亚大槽的生成有密切的关系。大地形的动力作用主要有三个方面：一是单纯的机械阻力作用，可归为动力作用；二是地形抬升产生的冷热源，可归为热力作用；三是地形起伏引起的非均匀摩擦力分布。青藏高原纯粹的动力作用，使气流在被山脉阻隔之后，能够翻越或绕山，形成绕流与越流。青藏高原动力学过程与中高纬度槽、脊的分布情况、东亚槽的强度及位置、高原低压系统及其北侧高压带等密切相关。

青藏高原作为一个大地形，不仅具有显著的热、动力过程，而且它自身的下垫面状态及变化过程也都与中国气候有着密切的联系，会对中国气候产生重大影响，并诱发气象灾害，特别是旱涝灾害。积雪及其相变过程对青藏高原地区的热量平衡和水汽平衡有重要影响。由于积雪表面反照率较高，短波辐射反射较强，当高原积雪较多、面积较大时，便削弱了高原对太阳辐射的吸收，进而削弱了高原热力过程，使得亚洲季风减弱，东亚降雨带偏南。科学研究发现，冬、春季青藏高原积雪厚度与中国夏季降水及环流强度存在良好的相关关系，如果青藏高原冬季积雪较多，那么长江中下游地区在翌年夏季会有较多的降水，青藏高原冬季积雪较少，则长江中下游地区翌年夏季降水偏少。

③ 厄尔尼诺和南方涛动（El Niño-Southern Oscillation，ENSO）事件

厄尔尼诺（西班牙语：El Niño）事件是一种海洋现象，它表现为赤道中、东太平洋海表温度的异常升高，一般这个地区的海表温度从春季开始上升，到12月25日前后达到最大值，以后逐渐降低。如果海表温度明显高于多年平均值，则称作发生了一起厄尔尼诺事件。拉尼娜（西班牙语：La Niña）事件正好相反，主要表现为赤道中、东太平洋的海表温度明显低于多年平均值。厄尔尼诺事件的评判标准在国际上存在一定差别，一般将海温监测区 Niño3 区（海温监测区的位置见图 1）海温距平指数连续 6 个月超过 0.5 ℃定义为一次厄尔尼诺事件，美国则将 Niño3+4 区海温距平指数的连续 3 个月滑动平均值超过 0.5 ℃定义为一次厄尔尼诺事件。

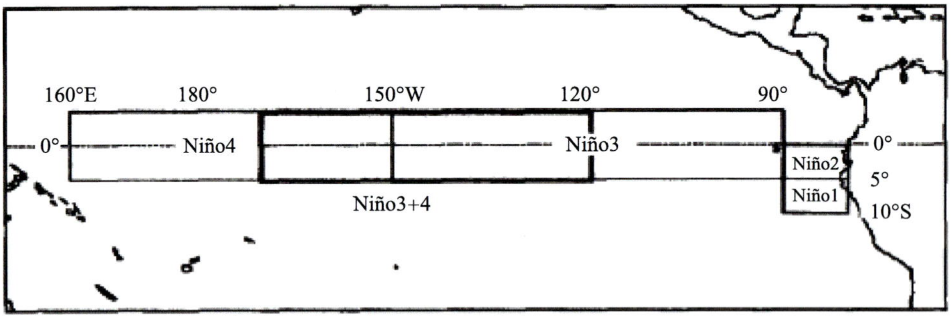

图 1　海温监测区的分布

为更加充分地反映赤道中、东太平洋的整体情况，目前中国国家气候中心在业务上主要以厄尔尼诺综合区（Niño1+2+3+4 区）的海温距平指数作为判定厄尔尼诺事件的依据，指标如下：Niño 综合区海温距平指数持续 6 个月以上≥0.5 ℃（过程中间可有单个月份不达指标），为一次厄尔尼诺事件。

厄尔尼诺和南方涛动（ENSO）对中国气候有非常显著的影响，事件的不同阶段对中国夏季风和旱涝分布有不同影响。当处于发展阶段时，该年夏季江淮流域降水偏多，可能发生洪涝，而黄河流域、华北地区的降水往往偏少，易发生干旱，这个阶段东北地区夏季也会发生低温，可能对农业造成严重的不利影响；当事件处于衰减阶段时，该年夏季淮河流域的降水往往偏少，并可能发生干旱，而黄河流域、华北地区及长江流域南部、华南地区的降水可能偏多。在事件成熟期，该年秋、冬季江南与华南降水往往偏多，北方很可能会发生

暖冬。

④ 环流系统异常

中、高纬度环流系统和中、低纬度环流系统的相互作用，南半球的大气环流和海温，南、北半球的相互作用和海冰等，都对中国的天气和气候具有显著的影响。一旦这些因子出现异常，就会造成中国的天气、气候异常，容易引发各类气象灾害。

（2）人类活动与社会经济因素

除了自然因素之外，人为因素对天气、气候也起着很大的作用。伴随着社会经济的发展，人类活动所造成的温室效应、环境污染等已不仅仅是一个局部的问题，可能对气候和极端天气都产生了深远的影响。

① 人口不断增长带来巨大的资源和环境压力

由于城市规模不断扩大，中国本就不丰厚的耕地资源负荷越来越沉重。第三次全国国土调查结果显示，截至 2019 年年底，中国耕地面积为 19.18 亿亩[①]，人均耕地面积只有 1.36 亩，不足世界平均水平的 40%。作为生命之源的水资源也面临着日益严重的危机。据 2020 年的统计，中国人均水资源量只有 2100 立方米，仅为世界人均水平的 28%。人口的增长使生活用水需求不断增加，并且工业用水和农业用水量也随着经济发展而大幅度增长。水资源危机造成地表水域萎缩、地下水位下降，由此引发了多种灾害，其中最为严重的可能要算旱灾了。

② 人类活动影响土地利用，造成环境恶化，引发多种灾害

随着工农业生产的飞速发展，天然植被不断被破坏。历史上一次次地扩大农垦区、开发山地和开垦草原，破坏了大量天然森林区和北方草原。近 2000 年人类活动的影响，使全国森林覆盖率由原始状况的 64% 下降到清代初期的 21% 左右，到 20 世纪中期更是下降到 8.6%，其中，西部地区的森林覆盖率由原始状况的 30% 左右下降到目前的 8.68%。

草原约占中国国土面积的 30.5%。目前，中国退化草原面积仍超过 70%，大面积的草原退化严重降低了草原的生态服务功能，并影响到国家的生态安全和粮食安全（潘庆民 等，2023）。

土地利用的变化对西北干旱区生态环境的影响，突出的表现是湖泊、湿地的退化。由于受到人为因素影响，上游和中游河段的河水被大量消耗，导致河

---

① 1 亩≈666.67 平方米，下同。

流的流量急剧减小甚至中断，使得河床干枯和大面积沙化，给绿洲带来了极大的危害，也给原始的湖泊造成了巨大的不利影响。

土地不合理利用导致水土流失、土地荒漠化、土地盐渍化等问题日益严重，并对旱涝、沙尘暴等多种气象灾害的发生具有重要影响。此外，土地利用的变化还会引起下垫面状况的改变，进而引起大气环流的异常，导致较广范围的气温、降水等变异，最终对各类灾害的发生产生影响。

由于工业化、城市化进程加快，环境问题日益突出，生产、生活污水的不合理排放以及对水资源的管理不当等，不仅使水资源受到了极大的浪费，而且被严重污染。可利用的水越来越少，将使旱灾的威胁越来越严重。

③ 人类活动影响全球变暖，导致一系列气象灾害的发生

人为排放的温室气体会产生温室效应，使全球气温升高，从而导致热带、亚热带、温带等持续向两极扩大，自然环境、生态系统因此改变，生物多样性也随之发生了变化，导致未来的自然灾害风险增大。

在全球升温背景下，南、北极地区的冰雪融化，海平面上升，这使得近海海域的极端天气事件频发。此外，增温还会导致极端气温升高。

气温上升也会影响大气环流，进而影响其他天气条件，增大各类气象灾害的概率。

国家气候中心最新气候变化监测表明，截至2023年底，2023年为1951年以来的最暖年份，较上一个高温纪录年（2016年）高0.14 ℃，且2023年6—12月全球平均温度已连续突破同期历史极值。2023年全球表面平均温度较工业化前水平（1850—1900年平均值）高1.42 ℃，较1991—2020年（气候基准期）平均值高0.53 ℃，2023年东亚北部和西南部、中亚、欧洲西部和南部、东非大部分地区、美洲西北部和中南部及北太平洋西北部、印度洋南部和北大西洋中东部年平均温度均突破高温历史纪录（图2）。

2023年中国平均温度也达到了1951年以来的最高值，比1991—2020年平均温度高0.82 ℃。大部分地区的平均温度均排在历史前十位，其中华北东部、东北南部、西北北部、西南地区、西藏东南部均达到历史最高水平。

④ 热岛效应造成城市灾害

随着城市规模的不断扩大，城市所造成的热释放、大气污染、下垫面变化等都会引起区域气候的变化，其中以热岛效应最为突出。北京城市气象研究院的相关研究表明：城市化对降水有显著的影响；在强热岛效应条件下，城市中心区“偏爱”降雨；在弱热岛情况下，降水出现分叉“绕道”现象；同时，高

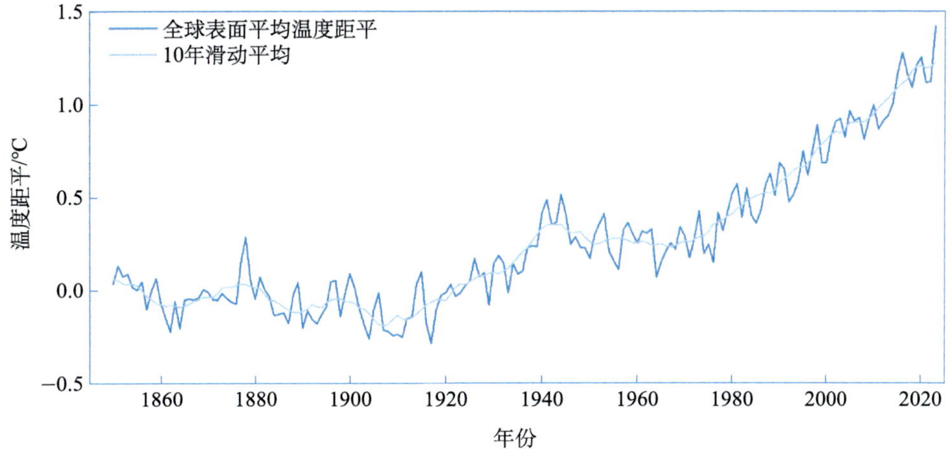

图 2　1850—2023 年全球表面平均温度距平序列（相对 1850—1990 年平均值）

（基础数据来源：中国气象局全球表面温度月值格点重建数据集V2.0）

层建筑产生的“狭管效应”会加剧风灾风险；热岛效应将使高温热浪天气更加严重；城区道路硬化，吸水能力降低，增大地表径流，使城市内涝风险升高；浑浊岛效应进一步加剧了城市霾天气的风险，使其突发性、极端性和不可预测性进一步增强。

干旱灾害

3 干旱灾害定义

干旱是指长期无雨或少雨，使土壤水分不足、作物因水分平衡遭到破坏而减产的气象灾害。干旱亦指淡水总量少，不足以满足人的生存和经济发展需要的气候现象，一般是长期的现象。干旱气候，指某地多年无雨或降水很少的气候现象；干旱灾害，指一段时间内降水明显偏少，造成人类生存危机和社会经济损失的灾害现象。

4 干旱分区标准

中国的湿润、半湿润区和干旱、半干旱区划分，一般按照年降水量来判断。年降水量分布趋势一般为：空间分布上由东南沿海向西北内陆逐渐减少；时间分配上夏、秋两季较多，冬、春两季较少。

湿润地区：降水量一般在800毫米以上，空气湿润，蒸发量较小，自然植被是各类不同的森林，耕地以水田为主，水稻为主要粮食作物。主要分布在秦岭—淮河一线以南的广大地区，其他分布在青藏高原东南部边缘及东北三省的北部和东部。

半湿润地区：降水量一般在400～800毫米，自然植被为森林草原和草甸草原，属湿润地区森林带和半干旱地区草原带的过渡。耕地大多是旱地，水田只分布在有灌溉条件的地区，包括东北平原大部分区域、华北平原、黄土高原东南部以及青藏高原东南部。海南岛西侧降水量虽大于800毫米，但因终年高温，蒸发量大，也属此类地区。由于华北和东北地区降水集中于夏季，故春旱严重。

半干旱地区：降水量一般在200～400毫米，蒸发量大幅度超过降水量，自然植被是温带草原，耕地以旱地为主，包括内蒙古高原的中部和东部以及黄土高原和青藏高原的大部分区域。半干旱地区从东北向西南分布，该类地区是中国最重要的牧区。

干旱地区：包括塔里木盆地、准噶尔盆地、柴达木盆地、内蒙古西部和青藏高原西北部地区，年降水量小于200毫米，很多地区甚至小于50毫米。

《气象干旱等级》（GB/T 20481—2017）给出了全国范围气象干旱指数的计算方法、等级划分标准、等级命名、使用方法等，并界定了气象干旱发展不同进程的术语。标准中将干旱划分为五个等级，并说明了不同等级的干旱对农业和生态环境的影响程度。

无旱：正常或湿涝，特点为降水正常或较常年偏多，地表湿润。

轻旱：降水较常年偏少，地表空气干燥，土壤出现水分轻度不足，对农作物有轻微影响。

中旱：降水持续较常年偏少，土壤表面干燥，土壤出现水分不足，地表植物叶片白天有萎蔫现象，对农作物和生态环境造成一定影响。

重旱：土壤出现水分持续严重不足，土壤出现较厚的干土层，植物萎蔫、叶片干枯，果实脱落，对农作物和生态环境造成较严重影响，对工业生产、人畜饮水产生一定影响。

特旱：土壤出现水分长时间严重不足，地表植物干枯、死亡，对农作物和生态环境造成严重影响，对工业生产、人畜饮水产生较大影响。

5 干旱类型

吕爱锋（2022）指出，干旱可分为气象干旱、农业干旱、水文干旱和社会经济干旱。

气象干旱：指某时段内，由于蒸发量和降水量的不平衡，水分支出大于水分收入而造成的水分短缺现象。

农业干旱：在作物生育期内，由于土壤水分持续不足而造成的作物体内水分亏缺，影响作物正常生长发育的现象。

水文干旱：由于降水的长期短缺而造成某段时间内，地表水或地下水收支不平衡，出现水分短缺，使江河流量、湖泊水位、水库蓄水等减少的现象。

社会经济干旱：由自然系统与人类社会经济系统中水资源供需不平衡造成的异常水分短缺现象。社会对水的需求通常分为工业需水、农业需水和生活与服务行业需水等。如果需大于供，就会发生社会经济干旱。

在四类干旱中，只有气象干旱是直接因降水量的下降所导致的，而农业、水文和社会经济干旱更侧重于人文与社会因素，而且与气候变化有很大的关系。

中国农业、水文及社会经济干旱的发生次数较气象干旱少，且主要受地表水及地下水补给的制约，若气候性干旱长期存在，则可能被引发。尤其是在水利条件较差的地区，气候性干旱是诱发旱灾的主要原因。通常是在出现了气候性干旱的数个星期之后，由于土壤湿度的降低，农作物、草地和牧场遭受旱灾。连续数个月的气象干旱，造成河流径流、水库水位、湖泊水位、地下水位下降，引发水文干旱。在水资源匮乏的情况下，人们的生存和经济用水都受到严重的制约。由于不同的经营模式，地表水和地下水的供给受到不同程度的制约，从而导致降雨短缺与各种旱灾之间的关系不再那么密切。比如，即使出现了气候性干旱，如果能够在短时间内对农作物进行有效灌溉，或者采用其他的耕作方式来留住水分，那么也不会发生旱灾。

气象干旱、农业干旱和水文干旱的关系见图3。

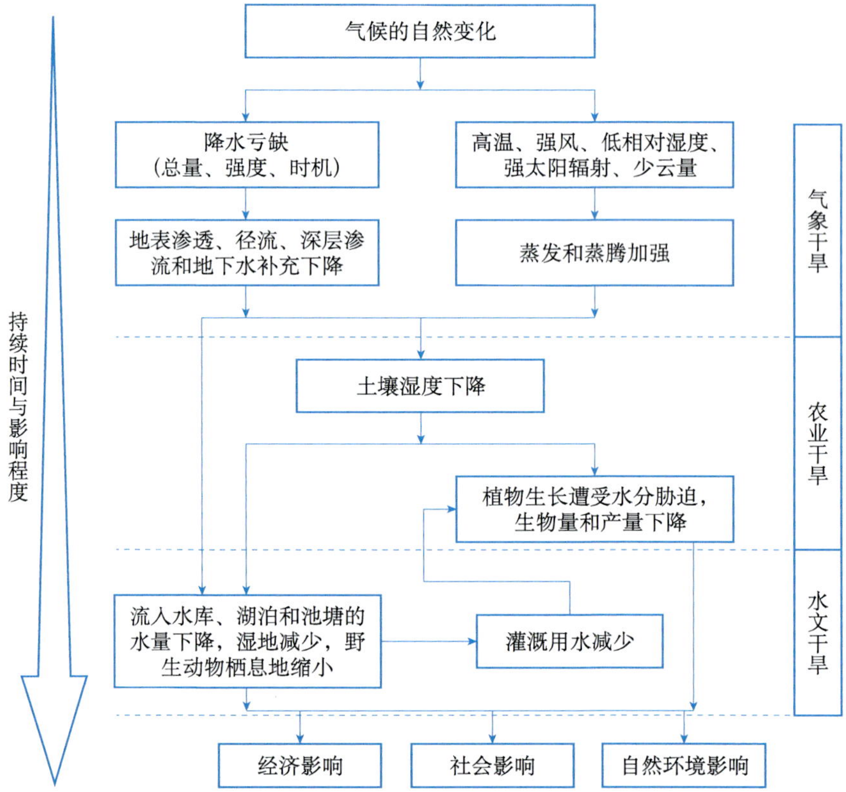

图3　气象干旱、农业干旱和水文干旱的关系

6 干旱灾害易发区

在中国，旱灾是最为严重的一种气象灾害。由于受海陆分布及地形等因素的影响，中国干旱的时段及严重程度具有区域分布特征。华北、华南、西南、江淮等东部季风区为干旱多发区，其中华北干旱发生频率最高、影响最大（倪深海 等，2019）。

淮河北部秦岭一带干旱严重，十年九旱，干旱频发。黄、淮海是中国干旱最为严重的地区之一，其干旱多发生在春季和夏季，严重影响了中国农业生产。长江中游以伏旱和伏、秋连旱为主，部分年份这一时期虽有梅雨降水，但雨季短或雨量不足，仍可能造成旱灾。西北地区大部分地区、东北地区西部终年干旱。四川的东部地区经常发生严重的伏、秋干旱（李娜，2021）。

7 干旱监测和评估标准

气象干旱等级国家标准中规定了五种监测干旱的单项指标和气象干旱综合指数（MCI）。五种单项指标为：降水量距平百分率、标准化降水指数、相对湿润度指数、土壤湿度干旱指数和帕默尔干旱指数。

干旱是由于降水长期亏缺和近期亏缺综合效应的累加，气象干旱综合指数考虑了 60 天内有效降水（权重累积降水）、30 天内蒸散（相对湿润度）以及季度尺度（90 天）降水和近半年尺度（150 天）降水的综合影响。该指数考虑了业务服务的需求，增加了季节调节系数。它适用于作物生长季逐日气象干旱的监测和评估，已在气象干旱逐日监测、预测预警、干旱影响、风险评估和区划等业务服务中得到广泛应用。

气象干旱综合指数（MCI）的计算公式如下：

$$\mathrm{MCI}=K_{\mathrm{a}}\cdot\left(a\cdot\mathrm{SPIW}_{60}+b\cdot\mathrm{MI}_{30}+c\cdot\mathrm{SPI}_{90}+d\cdot\mathrm{SPI}_{150}\right)$$

式中：SPIW_{60} 为近 60 天标准化权重累积降水指数；MI_{30} 为近 30 天相对湿润度指数；SPI_{90}、SPI_{150} 分别为近 90 天和 150 天标准化降水指数；a、b、c、d 为权重系数，南、北方地区有所不同；K_{a} 为季节调节系数，依不同季节各地主要农作物生长发育阶段对土壤水分的敏感程度而定。

根据 MCI 大小，干旱被划分为无旱（$-0.5<\mathrm{MCI}$）、轻旱（$-1.0<\mathrm{MCI}\leqslant-0.5$）、中旱（$-1.5<\mathrm{MCI}\leqslant-1.0$）、重旱（$-2.0<\mathrm{MCI}\leqslant-1.5$）、特旱（$\mathrm{MCI}\leqslant-2.0$）五个等级。

8 干旱影响

旱灾会导致草地退化、荒漠化、人畜饮水困难和畜牧业产量下降等问题，从而可能间接触发其他自然灾害。由于全球变暖，气候干燥，导致湖泊及河流水位下降、局部干涸甚至中断；造成草原植被的严重破坏，加速草原生态环境的恶化；导致土壤沙化加速；引发沙暴、火灾、虫灾等其他自然灾害。冬季和春季气候干燥，容易诱发林火和草原大火。2021 年，中国干旱受灾面积 342.6 万公顷，较 1990—2020 年平均值明显偏小，为 1990 年以来最小（图 4）。山西、陕西、甘肃三省因旱绝收面积占全国因旱绝收面积的 36.3% 。2021 年全国因旱造成 2068.9 万人受灾，其中饮水困难人口 158.9 万；直接经济损失 200.9 亿元。

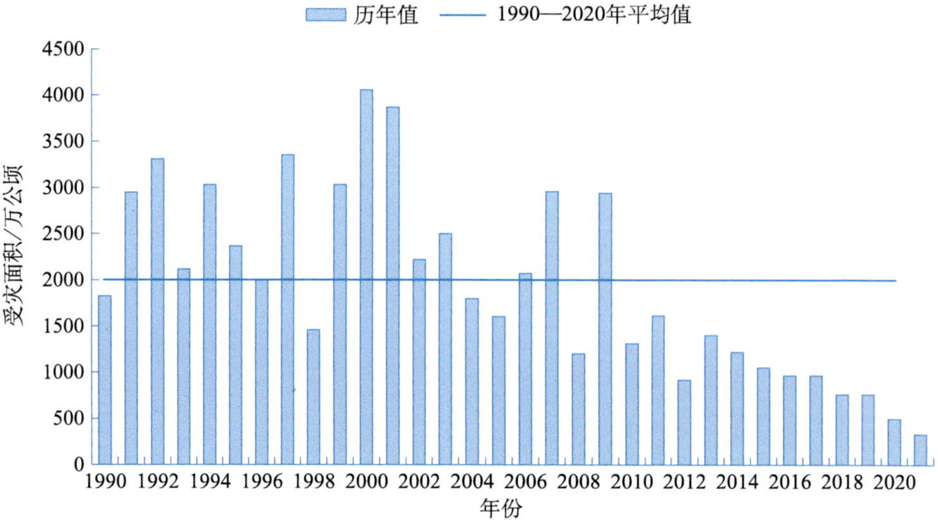

图 4 1990—2021 年中国干旱受灾面积变化

（引自《2022年中国气候公报》）

9 干旱的预防

加强干旱防治工作，要充分发挥国家和政府的领导职能，及时修订和改进包括旱灾在内的各种自然灾害防治计划。另外，要强化防灾、救灾工作，应健全旱灾监测预报体系，提高旱灾监测、预报的准确度；加强信息化工程建设，发挥公共通信网络的作用，保证通信的正常畅通；完善水文气象测报网络，确保雨、水、工、情等信息和调度命令的实时传达；从整个生态环境出发，对抗旱对策进行研究，将干旱的危险性降到最低。

在抗旱救灾工作中，水利工程是重中之重，水利方面的基础设施要进一步完善。修建水库和防渗渠道等，可以在一定程度上改善水土流失状况。

旱灾对农业的危害极大。要强化耕地的基本治理工作，治河造田，治山修田，改土蓄水、造林，注重水土保持，把沟、渠、电、路建设好，建设高标准高产地农田等，从而改善农业的生产状况，达到综合整治，这是改善农业生产状况的根本。

加快推进农业发展。通过对农业、工业结构的优化，使水资源的利用率最大化，按照地区的干旱规律，因地制宜，发挥地方上的资源优势，制订适宜的农业结构，淘汰那些没有多少经济效益的作物，种植具有较高经济效益的经济作物和耐旱作物，发展各类“特色农业”，以此来缓解干旱带来的损失。

改善用水效率。要大力发展节水农业，做到科学灌溉，充分发挥水资源的作用。为降低损耗，可采用渠系或管系的方法；完善和普及各类节水灌溉技术；做好灌溉工程的技改和设备配套工作，大力发展抗干旱、节水、提升农业生产效率等方面的技术。

大力进行人工增雨。人工增雨是缓解旱灾有效的方法。利用人工影响天气技术和航空资源来进行人工增雨，对中国的干旱防治具有重大意义。

开展防灾、减灾科普工作，增强群众对旱灾的防灾、减灾意识，促进全社会共同抵御干旱的威胁。

加强防洪抗旱工程的巡查工作。建立以组织、项目、计划、物资和通信为重点的层层巡查体系，及时发现存在的问题，明确责任，限期整改。

10 应急抗旱措施

按照《国务院办公厅关于印发国家防汛抗旱应急预案的通知》（国办函〔2022〕48号）精神，县级以上防汛抗旱指挥机构根据本地区实际情况，按特大、严重、中度、轻度四个干旱等级，制定相应的应急抗旱措施，并负责组织抗旱工作。

（1）特大干旱

① 严格落实各级政府的抗旱工作责任，保证农村和企业用水的安全，保

证受灾地区的社会安定。

② 各级防汛抗旱领导小组要进一步加强对各部门的领导、组织、协调，并定期召开会议。加强对干旱区水源的科学调配，加强对水资源的管理。在各级政府领导下，加强协作，共同努力，做好抗旱工作。

③ 制定相应的干旱应急预案，上报给更高级别的应急指挥部。在有需要的情况下，国务院防汛抗旱指挥部可以经国务院授权发布应急干旱预警通告，并采取应急开源、限水、应急调水、应急送水等专项应急抗旱举措，在有条件的情况下，适时进行人工增雨作业等。

④ 各相关部门要将旱情、灾情及抗旱工作情况报告给当地政府及相关部门；各级政府要加强协调，对干旱灾害的发展演变和干旱防治工作进行严密的跟踪，对干旱给经济和社会发展造成的影响进行研究，并将干旱相关的信息及时发布给公众。

⑤ 要积极调动全社会各界的资源支持抗旱工作。

⑥ 加大对干旱灾害的防治和防灾、减灾的宣传力度。

（2）严重干旱

① 各相关单位要做好干旱的监测与预测工作，及时记录干旱的发生、发展、演变等情况，并将干旱的发生、发展、演变等情况汇报给各级政府。

② 各级防汛指挥部门定期召开会议，对抗旱工作进行专题研究。

③ 根据实际情况，及时启动相应的抗旱应急预案，上报省、市、县防汛指挥部办公室备案。

④ 监督各级防汛抗旱领导小组成员单位履行各自的工作责任，对其进行统筹安排和调配，并将其用于救灾工作的经费和物资安排到位。

⑤ 做好干旱防治的宣传工作。

（3）中度干旱

① 各相关单位应加大对干旱的监控力度，密切关注干旱的发展趋势，并将干旱发生的相关信息、灾情通报给各级人民政府。

② 各级防汛抗旱指挥部要加强联合调度，对干旱的发展和演变态势进行研究，并对未来的水资源供需情况进行分析和预报。

③ 及时上报、通报旱情和灾情。

④ 密切注意水资源供需动态，做好干旱防治工作。

⑤ 针对干旱的发展态势，对干旱防治工作进行全面的动员和布置。

（4）轻度干旱

① 各相关主管单位要对旱情进行适时的监测和预测。
② 全面准确地把握当前干旱形势和全社会对抗干旱的需要。
③ 与各相关单位配合，统筹安排好各地区的抗旱供水。

11 高温和干旱的关系

高温是短期气象灾害，而干旱则是长期的。二者虽有不同之处，却有着密切的内在关系。研究发现，在中国多数区域，其月平均温度和降水量存在显著的负相关，即温度越高往往预示着降水量越少，从而导致旱灾。另外，温度升高，特别是夏季出现持续的高温天气，会导致土壤中的水分快速蒸发，并加速植物体内的水分流失，这很可能加剧干旱的严重程度。

低温冷害

12 低温冷害定义和种类

低温冷害是低温冷冻灾害的一种，主要是由于来自极地的强冷空气及寒潮侵入造成连续多日气温下降，使作物因环境温度过低而受到损害以致减产，是一种农业气象灾害。低温冷害的划分依据及类型见表 1。

表 1　低温冷害的划分依据及类型（杨霏云 等，2017）

划分依据	类型
发生低温时的天气、气候特征	湿冷型：低温、寡照、多雨 干冷型：天气晴朗、有明显降温 霜冷型：前期低温与早霜结合
低温对作物危害的特点及作物受害的症状	延迟型冷害：长时期低温，引起作物生育期显著延迟，在生长季内不能正常成熟，导致减产 障碍型冷害：作物在生殖生长阶段，主要是孕穗期和抽穗开花期遇短时间低温，生殖器官的生理机能被破坏，造成空壳减产 混合型冷害：指延迟型与障碍型冷害在同年度发生
发生的地区和时间	春季低温冷害：南方早稻播种育秧时期（3 月中旬—4 月上旬） 秋季低温冷害：双季稻区寒露风，云、贵、川地区称为八月寒或秋寒 东北地区夏季低温冷害：在作物生长期（5—9 月），尤其在作物营养生长期和生殖生长期出现的持续时间较长的夏季低温 五月寒：早稻抽穗扬花期（5 月下旬—6 月中旬）

（1）低温冷冻灾害种类

低温冷冻灾害主要包含低温连阴雨、低温冷害、霜冻和寒潮等。

① 低温连阴雨指连续多日阴雨并伴随气温下降的天气现象。

② 低温冷害指农作物因气温低于其下限温度而发生减产的一种农业气象灾害。

③ 霜冻通常是指植物生长季节内，夜间土壤和植株表面的温度下降至0 ℃以下，致使植物体内水分形成冰晶，造成作物遭受短时间低温冻害（王书裕，1984）。霜冻主要分为初（秋）霜冻和终（春）霜冻。由温暖季节向寒冷季节过渡期间第一次出现霜冻的日期叫作初霜冻日，由于是入秋后第一次出现的霜冻，所以也称为秋霜冻；由寒冷季节向温暖季节过渡期间最后一次出现霜冻的日期叫作终霜冻日，由于是春季最后一次霜冻，所以也称春霜冻。终霜与初霜的间隔期称为无霜期。一般初霜冻出现得越早，对作物的危害越大，形成的灾害也越重；终霜冻则是出现越晚危害越大。

④ 寒潮指冬半年引起大范围强烈降温、大风天气的大规模冷空气活动，即冷空气在特定的天气形势下迅速加强并从高纬度源区向低纬度地区输送。并不是所有的冷空气活动都可称为是寒潮，依据《冷空气等级》（GB/T 20484—2017），寒潮指日最低气温24小时内下降8 ℃或以上，且日最低气温下降到4 ℃或以下；或48小时内气温连续下降10 ℃或以上，且日最低气温下降到4 ℃或以下；或72小时内气温连续下降12 ℃或以上，并且最低气温在4 ℃或以下的冷空气活动。

（2）低温冷害的季节和区域划分标准和种类

按照季节和区域，低温冷害又可分为春季低温冷害、秋季低温冷害、东北地区夏季低温冷害和五月寒。

① 春季低温冷害

中国南方在早稻播种育秧期（3—4月）受低温影响造成烂种烂秧，被称为春季低温冷害，俗称倒春寒。除了低温这一主要因子外，低温冷害还与作物品种、育秧和管理技术等地区差异因素有密切关系。中国气象科学研究院农业气象研究所根据各地的试验资料及历年烂秧时段的气象条件，确定日平均气温连续3天<10 ℃为粳稻烂秧指标；当日平均气温连续3天<11 ℃为籼稻烂秧指标。应该指出，这一温度指标是可能致灾的临界温度指标，还不能作为灾害标准（刘海峰，1977）。

事实表明，春季低温冷害主要发生在3月中旬—4月上旬，正值从南到北大范围早稻播种育秧期。此时极地冷空气仍然不断入侵，所以各地每年都有程度不同的冷害，但严重灾害较少。长江中下游地区1953—1980年发生过6次严重灾害，约平均5年一遇；华南地区北部冷害较多，严重灾害5～7年一遇；中部、南部少冷害，海南省未发生过春季低温冷害。近几年来，由于早稻播种育秧技术的进步，低温造成的损失明显减小。

② 秋季低温冷害

秋季低温冷害是指晚稻抽穗扬花期受到低温天气的影响，造成空秕率上升而减产。由于此种灾害在华南地区多发生在寒露节前后，故称寒露风。一般把日平均气温≤20 ℃，且持续3天或以上，作为秋季低温冷害的指标。由于作物品种等存在地域差异，各地采用的低温冷害指标有所不同，这种低温指标是危害作物抽穗开花时期的临界温度值。一般温度越低且维持的时间越长，造成的损失越重。

秋季低温冷害主要发生在9月下旬—10月上旬，发生期自长江流域向南逐渐推迟。一般秋季低温冷害的发生概率比春季低，但危害更大，造成的损失更严重。据统计，长江中下游地区严重秋季低温冷害平均4～5年一遇，华南不同程度的寒露风害约4年一遇。

③ 东北地区夏季低温冷害

东北地区是中国最北的农业区，冬季漫长，无霜期短（仅100～200天），≥10 ℃积温在1300～3700 ℃·日，这种热量条件基本上能满足当地粮食作物的生长需求。但是，夏季平均气温明显偏低，往往使作物生育期延迟，延迟的时间（天数）与平均温度呈反比，即平均温度越低，作物生育期延迟的时间越长。所以，当未成熟的作物遇到早霜冻，就会造成大幅度的减产。此种冷害按其危害的特征和机制，分为延迟型、障碍型和混合型冷害。若按冷害年的天气、气候特点，则分为低温多雨型、低温干旱型、低温早霜型和低温少日照型等四种。

④ 五月寒

五月寒指早稻孕穗扬花期遇到的低温冷害。多出现在小满到芒种的梅雨季节，故又称梅雨寒。连续低温、阴雨、少日照的天气过程，会导致早稻空壳率增加，使产量减少。五月寒一般3～4年一遇，以山区、半山区双季稻受害较为严重，其持续时间越长、强度越大，危害越重。

农谚有“五月不热，五谷不结”“六月盖被，有谷无米”，说的就是这个道理。水稻预防五月寒，首先要注意在冷空气来临前灌深水保温护苗，当气温回升时，及时排水露田；其次是及时增施速效性的肥料，提高稻株的抗寒能力。

13 寒潮和寒流的区别与联系

一般人都会把“寒潮”叫作“寒流”，其实“寒潮”和“寒流”是有本质区别的。寒潮是指天气的活动过程，是天气现象，且仅在特定的季节出现。寒流是指海洋里从高纬度海区向低纬度海区行进的规模巨大的海水流动现象，如秘鲁寒流、加利福尼亚寒流、本格拉寒流、千岛寒流等。而由较低纬度海区流向高纬度海区的海流称为暖流，如北大西洋暖流等。

14 寒潮从哪里来

据中央气象台的预报经验（陶诗言，1959），在中国，东路、中路、西路三条冷空气通道是寒潮发生的重要通道。东路是由贝加尔湖东部向中国东北部输送的冷空气；中路为起源于新地岛东部海域的冷空气由喀拉海地区传入；西路的冷空气从新地岛以西的海面上经过蒙古高原，抵达中国。

15 霜冻种类

霜冻一般分为平流霜冻、辐射霜冻、平流－辐射霜冻三种类型。

平流霜冻：由于出现寒潮或降温天气，高纬度冷空气向低纬度爆发，或比较强的冷平流引起剧烈降温，从而形成的霜冻。平流霜冻发生时风力较强，故又称风霜。

辐射霜冻：在空气比较干燥、风力较小和晴朗少云的夜间，由于地表和植物表面释放长波辐射致使最低气温下降形成的霜冻。辐射霜冻发生时风力较小且晴朗少云，故又称之为晴霜或静霜。

平流－辐射霜冻：因北方强冷空气入侵，气温急降，风停后夜间晴朗，辐射散热强烈，气温再度下降所造成的霜冻。

16 初、终霜冻温度指标

霜冻的气候标准通常对于不同的作物来说是不完全相同的。但在一般情况下，大多数农作物在地面最低温度下降到 0 ℃或 0 ℃以下或日最低气温降至

2 ℃或 2 ℃以下时就会受到不同程度的冻害。为便于统计，通常使用日最低气温≤2 ℃或日最低地面温度≤0 ℃两种指标作为初、终霜冻出现的温度指标。

17 霜冻发生的时间和空间特征

霜冻一般发生在温暖季向寒冷季过渡期间或寒冷季向温暖季过渡期间，往往与喜温作物出苗（移栽）后或作物成熟之前的时间点重叠，所以容易造成农业灾害。其空间分布具有明显的地域特征，北部和东北地区受冷空气影响更大，易出现霜冻天气，地势较高或海拔较高地区多霜冻天气。

18 冻雨定义及主要危害

冻雨是一种低于 0 ℃但未冻结的过冷却水滴。高层冰晶云层中的雪花遇到了高于 0 ℃的气层，融化成“雨滴”继续下降，进入近地面气层时，由于遇到低于 0 ℃的气层，一部分可能冻结成“冰粒”，但大多数却来不及冻结，就成了低于 0 ℃的液态冷却雨滴，这些雨滴落到低于 0 ℃的地面或一些物体表面便立即“安家落户”，冻结成透明或半透明的冰壳，气象学上称为雨凇，俗称“地油子”“冰挂”。

冻雨（雨凇）的主要危害是：路面易结冰，从而导致道路交通事故多发；导致土地冻结，将提前发芽的冬小麦冻坏，或将刚刚种下的种子冻结；使果树受冻，对幼林造成大范围的冻死、冻伤。此外，大面积的雨凇累积起来可以压垮输电线路、电话线路等，甚至压垮房屋。

19 低温冷害易发区

中国的低温冷害以东北地区较为严重，长江流域主要发生在春、秋季，云贵高原主要发生在 8—9 月（李世奎，1999）。

20 低温冷害的预防

改善大棚内环境条件，提高大棚内气温。依据不同区域的地理位置，确定适宜的大棚高度和大棚与地面的夹角，使大棚的光、热效果达到最佳。

要把握好各品种的温敏性，对于不了解的品种，宜先进行试验，掌握其生长习性后再进行大规模生产种植。要依据本地的气象条件，合理确定适宜的播种时间和定植时间，针对特殊天气，提前做好防冻工作。

在育秧期间采取提升温度的管理措施。针对不同生长阶段，采取不同温度的栽培、管理措施。通常是在播种后升温，然后在发芽后降温，防止徒长；在分割后重新提高温度，以利于新根系的发育；为了增强植物的抗寒能力，在种植之前先进行低温锻炼。

做好各生育阶段的温、水和养分的管理。要注意大棚内的气温，在晴朗的天气里，要防止棚内的气温太高，同时要放慢通风的速度，防止室内气温突然波动。在多云的天气里，要保持棚内的温度，尽量减少进出大棚的次数。大棚内温度过高的时候，不要用凉水来浇苗。

露天种植的蔬菜，在气温降至最低之前，应先放烟或浇水。在预测会有较冷天气时，适时放烟，利用其在逆温层下的飘移和覆盖来阻止地表长波辐射散热，从而提高土壤温度。也可以通过夜间浇水来改善田地微气候，此种做法通常是在下半夜进行，浇水时要注意避免对土壤温度造成不良的影响（吴建金，2010）。

21 低温冷害发生后的急救措施

针对不同作物的低温冷害，应对措施有所不同，以下简述几种农作物低温冷害发生后采取的急救措施。

（1）小麦低温冷害补救措施

① 浇水预防冷害，促进增穗增粒

近期未浇水且土壤墒情不佳的小麦，在气温降至最低时，要尽量多浇水，建议以每亩 20～30 立方米水为宜，如遇缺肥情况，可根据灌水情况追施尿素 5～7.5 千克 / 亩，以抗冻促生长，增加穗数和穗粒数。

② 喷施叶面肥，提高抗逆性，预防冷害

对最近浇水较多、土壤墒情较好的小麦，干旱地区或半干旱地区要在天气转凉之前，进行叶片喷洒叶面肥。使用磷酸二氢钾 + 尿素 + 油菜素内酯、碧护或活力比久等多种植物生长调节物质，可以维持植株的细胞膜稳定，提高植

株的耐寒、耐旱、抗逆能力，还对寒冷造成的伤害有修补作用，有利于植株的快速发育，加快中分蘖和分蘖的形成，稳定产量。

③ 密切关注，积极补救

低温冷害发生后要及时灌水，并及时追施氮肥，提高土壤有效含氮量，以加速分蘖成穗，增加分株成穗率，补偿主茎损失。一般情况下 1 公顷追施尿素 10 千克，寒害严重的地块可适当加大追肥量，但一亩追氮上限为 15 千克。较冷天气过去之后，要尽早进行摘穗，对幼穗和幼茎的受冻状况进行调查，并针对受冻程度采取相应的措施，以降低损失。对中度低温，可采用叶面喷肥、生长调节等方法进行修复；对严重寒害，要及时灌水、追补肥料。

④ 加强病虫草害防治

小麦受低温冷害后，由于植株生长缓慢，抵抗力降低，极容易受到病害的侵袭，应采取药物预防措施。特别是对已进入抽穗开花期的小麦，天气转好后要及时用药，防治病害。

（2）蔬菜低温冷害应对措施

① 加固设施，强化防护，拉开和压紧薄膜，以避免因风力过大而将薄膜吹起。做好隔热工作，在室外可以使用薄膜进行隔热，在设施上可以使用多层保暖层覆盖。

② 喷叶面肥、生长调节剂等，增强抗寒性能。

③ 在寒冷少光照的情况下，要及时停止灌溉和施肥，以免庄稼的根系腐烂；选择烟雾剂或干粉，控制湿度，预防疾病。

（3）果树低温冷害应对措施

① 喷洒抗冻剂。在寒害发生之前，用 0.3% 的磷酸二氢钾 +0.3% 的尿素，或者是用芸苔素内酯和氨基酸溶液，可以降低冰点，提高植株的抵抗力。

② 提前人工加热。在寒害发生 4 个多小时之前，用秸秆、麦秆、草木灰、杂草、尼龙等覆盖树身，根据冷空气的强度，将蜂窝煤炉子放在果园的各个区域，并将煤球置于其中，定时加热。这不仅可以抵御冷风的侵袭，而且可以降低地表的热损失，提高气温，改善微气候环境。

③ 促使果园内的空气流动。在果园上空安装大功率鼓风机，通过对高处气流进行搅动，将高处的暖空气向下吹，使底部凝冻的冷空气全部排出，从而达到防止低温冷害的目的。

④ 制造烟雾。采用锯末、麦糠、碎秸秆、杂草和树叶等制作成烟堆，互

相堆积，上压薄土层，以暗火生浓烟，或用发烟剂，使烟雾覆盖全园。生烟地点设在果树上风口，通常一亩果树设四五个烟堆，生烟量视霜冻强弱及历时而不同。要做好土壤和肥料的管理。灾后树木通常都比较脆弱，因此要适时补充营养，在短时间内补施复合肥、硅钙镁钾肥、土壤调理肥等，帮助树木恢复长势，促进果实的发育。

⑤ 做好病虫害的预防工作。在低温寒害发生后，果树植株变弱，抗病能力下降，极易受到病虫害的侵害。要及时检查腐烂病斑，并用 3% 的多抗霉素 800～1000 倍液或 4% 的农抗 120 水剂 300～400 倍液进行防治。

（4）葡萄低温冷害灾后应对措施

为增强耐寒性能，应注意水肥的管理。在低温条件下，植物根系活性下降，土壤含水量上升，植株对养分的利用效率降低，应适时控制水分，增加土壤养分含量，促进植物生长。采用滴灌方式灌溉的葡萄，一次灌溉 2～4 米^3/ 亩；沟灌的葡萄，要快灌快收，不能用过多的水，浇水后要马上翻耕，增加土壤的温度和湿度，以利于根的发育。要增强植株的活力，科学地施肥。在施用化肥的过程中，主要采用有机肥、氮肥配施，并辅以叶面喷施，适当地摘心并保持穗的完整。摘心的依据是：对弱枝、小叶、小花穗要及早摘心；生长势强、叶片大而绿、大花穗的要晚摘心；对弱枝和小花序的小苗进行摘心，也就是在穗部不保留叶片的情况下进行摘心。要做好白粉病、灰霉病、蓟马、蚧壳虫、蠹蛾和螨类等主要病虫害监控、防控工作。如果遇到持续的阴雨天气，要做好排水工作。

大风沙尘

22 大风天气判断标准

《风力等级》（GB/T 28591—2012）中，根据标准气象观测场 10 米高度处的风速大小，将风力等级依次划分为 18 个等级，详见表 2。在气象观测业务规范中，一般将瞬时风速≥17.2 米 / 秒，即风力 8 级或 8 级以上的风称作大风，如果一天中出现过大风，则记为一个大风日。

表 2　风力等级划分

风力 / 级	风速 /（米 / 秒）	风力 / 级	风速 /（米 / 秒）
0	0.0～0.2	9	20.8～24.4
1	0.3～1.5	10	24.5～28.4
2	1.6～3.3	11	28.5～32.6
3	3.4～5.4	12	32.7～36.9
4	5.5～7.9	13	37.0～41.4
5	8.0～10.7	14	41.5～46.1
6	10.8～13.8	15	46.2～50.9
7	13.9～17.1	16	51.0～56.0
8	17.2～20.7	17	≥56.1

23 大风天气的形成

总的来说，地球上的风是由太阳辐射不均匀引起的。太阳光照射在地球表面上，由于受不同纬度、地形地势、海拔等影响，各地大气受热不均，某地的地表空气受热膨胀密度变小而上升，周围较冷的空气就会流入填补；上升的热空气在高空冷却后，又成为冷空气沉降至地面。随着这一冷热循环过程发生，近地表的空气产生流动，风就形成了。

大风天气的成因主要有以下三点。

一是冷锋过境。冷空气从北或西北方向侵入，并伴随着雨、雪和降温，这是由于冷空气的楔入将暖气流向上快速抬升冷却，形成了云，产生了降雨、降雪。

二是动量下传。指地面受到太阳辐射加热，空气上升，形成垂直方向的湍流交换，将高空的强气流引导至地面。这种强风的速度很大，一到两个小时就能移动几十到几百千米，而且昼夜变化很大，大部分发生在 12—19 时，当地面气温较高、空气对流最强时最为明显。之后风力会随着气温的降低而逐渐减弱，到了傍晚就会消失。动量下传的偏西风输送的动力较弱，所以干燥，所以没有雨、雪相伴。

三是热力对流产生的地方性积雨云大风。在夏天，由于地表受到较强的加热和较强的对流作用，当上升运动到达一定的高度时，就会产生积云。积云中的积雨云常伴随大风、闪电和暴雨。

24 近年来年均单站大风日数变化特征

近年来，大部分区域的年平均风速都有下降的迹象，只有内蒙古西北部、新疆东部、青海西部、西藏西南和东北有上升的迹象。这主要是由于在气候变化背景下，海陆温差较大，从而导致东亚夏季风的强度下降，气流速度有所下降；同时，随着城镇化的发展，城市的地貌发生了很大的变化，越来越多的人类活动使得城市的表面凹凸不平，城市的建筑物越来越高、越来越密集，使得整个城市的平均风速都降低了（图 5），同时也降低了大风日数。

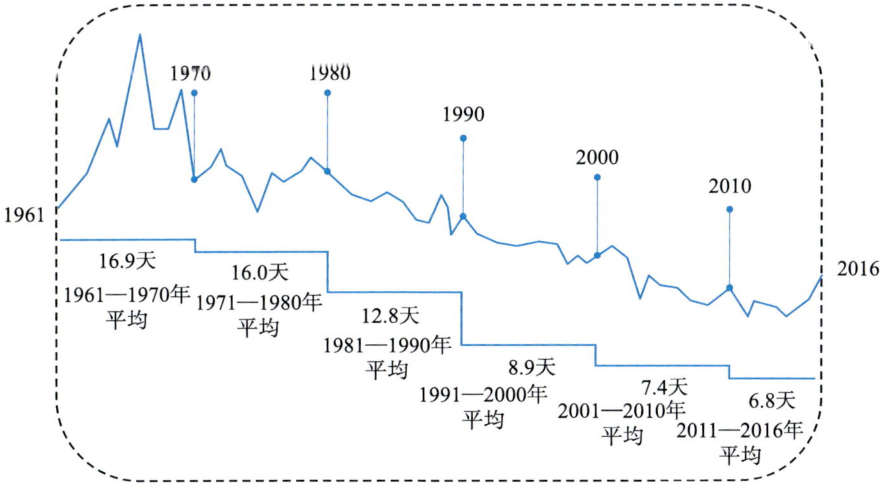

图 5　1961—2016 年全国年均大风日数变化示意图

25 中国哪里大风日数最多

中国高海拔地区的年大风日数高于低海拔地区；峡谷地带大风日数比周围多。

中国有三个大风多发区：一是青藏高原，年大风日数在 75 天以上，一年有 1/5 的时间都是大风天，是中国范围最大、日数最多的大风区；二是内蒙古中北部、新疆西北部，年大风日数在 50 天以上；三是东南沿海及其岛屿，年大风日数多在 50 天以上。此外，山地隘口及孤立山峰处也是大风日数较多的地区。

26 大风预警信号等级划分

依据《气象灾害预警信号发布与传播办法》（中国气象局令第 16 号），大风（除台风外）预警信号分四级，分别以蓝色、黄色、橙色、红色表示。

大风蓝色预警信号标准：24 小时内可能受大风影响，平均风力可达 6 级以上，或者阵风 7 级以上；或者已经受大风影响，平均风力为 6 ～ 7 级，或者阵风 7 ～ 8 级并可能持续。

大风黄色预警信号标准：12 小时内可能受大风影响，平均风力可达 8 级以上，或者阵风 9 级以上；或者已经受大风影响，平均风力 8 ～ 9 级，或者阵风 9 ～ 10 级并可能持续。

大风橙色预警信号标准：6 小时内可能受大风影响，平均风力可达 10 级以上，或者阵风 11 级以上；或者已经受大风影响，平均风力 10 ～ 11 级，或者阵风 11 ～ 12 级并可能持续。

大风红色预警信号标准：6 小时内可能受大风影响，平均风力可达 12 级以上，或者阵风 13 级以上；或者已经受大风影响，平均风力为 12 级以上，或者阵风 13 级以上并可能持续。

27 什么是沙尘天气

每当天空被黄沙笼罩，空气中有尘土飘浮时，很多人就认为：沙尘暴来啦！其实，并不是所有的沙尘天气都是沙尘暴。那到底什么是沙尘天气呢？沙尘天气，是指强风从地面卷起大量尘沙，使空气浑浊，水平能见度明显下降的一种天气现象。沙尘天气按照影响程度，可以分为浮尘、扬沙、沙尘暴、强沙尘暴和特强沙尘暴天气（周自江，2001）。

浮尘：其程度最轻，是指尘土、细沙均匀地浮游在空中，使水平能见度小于 10 千米的天气现象。

扬沙：风将地面尘沙吹起，使空气相当浑浊，水平能见度在 1 千米至 10 千米的天气现象。

沙尘暴：大风会将地面大量沙尘吹起，使空气变得很浑浊，水平能见度小于 1 千米的天气现象。

强沙尘暴：强风将地面沙尘吹起，空气模糊不清，浑浊不堪，水平能见度小于 500 米的天气现象。

特强沙尘暴：狂风将地面沙尘吹起，空气特别浑浊，水平能见度不足 50 米的天气现象。

28 沙尘暴的分布特点

根据马建勇等（2016）、李璠等（2019）对沙漠的分布与沙尘暴发生频率关系等的研究，沙尘暴是中国北方地区的“特产”，从西北地区大部分区域经华北到东北地区西部呈一条弧形带状分布。中国沙尘暴空间分布主要有以下三大特点：一是面积大；二是影响范围广，从新疆到东部海岸；三是多发区比较密集。塔克拉玛干沙漠及其周边地区、巴丹吉林沙漠、腾格里沙漠及其毗邻地区，是典型的沙尘暴多发地区，研究表明，该区域主要由贺兰山西部的荒漠沙源造成，大量的荒漠和沙漠是该区域频繁发生风沙灾害的重要原因（王振东，2009）。

29 近年来沙尘天气为何如此频繁

近年来，中国沙尘天气频繁发生，这使不少人心存疑惑，“治沙这么久，沙尘天气为何还是如此之多？”这是由于沙尘暴的产生是由本地起沙和蒙古国远距离输送共同造成的。中国沙尘暴主要境内源地的植被恢复对于减少沙源区释尘量、减轻沙尘暴的危害发挥了一定作用，但蒙古国南部的戈壁荒漠也是影响中国的重要沙尘源地，近年来蒙古国南部植被生长状况与平均状况相比偏差，沙源地植被覆盖较差，遇强风极易起沙，引发沙尘暴天气。

另外，中国风沙多发生于春天。春天大地回暖，日晒使得地表松动，而此时正值大风频繁出现，使得风沙输送变得更加容易。

因此，在蒙古国以及内蒙古西部、甘肃等沙漠地区，大风可能会携带大量的沙尘，并通过低层的气流，由北向南输送，最终对内蒙古东部及南部地区造成严重的危害。

30 沙尘天气的成因

沙尘天气的形成主要有以下三大“幕后推手”。

“推手”一：沙尘源。沙尘源是沙尘暴形成的物质基础。中国拥有丰富的沙漠资源，分布于西北、华北、东北等地，面积超过 700 000 平方千米。沙漠中的沙丘种类繁多，根据其稳定性可分为流动沙丘、半固定沙丘和静止沙丘。在强风作用下，流动沙丘扬起的沙尘量最多，半固定沙丘次之，静止沙丘最少。除了沙漠和沙地之外，中国北方大部分地区都属于中纬度干旱半干旱区，地上大部分都是植被稀疏的草原和旱地，到了春天，地面开始回暖，冰雪消融，风一吹便尘土飞扬，在当地和大风经过的地区形成沙尘暴。

“推手”二：强风。强风是指足够强劲持久的大风，这是形成沙尘暴的动力条件。根据观测，当风速达到 30 米 / 秒（11 级风），粗沙（直径 0.5 ～ 1.0 毫米）会飞离地面几十厘米，细沙（直径 0.125 ～ 0.25 毫米）会飞起 2 米高，粉沙（直径 0.05 ～ 0.005 毫米）可达到 1.5 千米的高度，细尘埃（直径小于 0.005 毫米）则可飞到更高的高度（张虎 等，2020）。

“推手”三：不稳定层结。不稳定的大气层结有利于强对流发展，以携带更多的沙尘并卷扬得更高，随高空风输送至下游地区。

31 沙尘到底从哪里来

中国的沙尘来自本地沙源地和境外沙源地。

由于受地质环境和大气环流的影响，在中国的北方从东北到西北主要分布有八大沙漠和四大沙地，几乎形成了一条横贯中国东西部的沙漠走廊。

事实证明，这条沙漠走廊就是影响中国沙尘天气的最主要沙源地。八大沙漠是指乌兰布和沙漠（内蒙古）、库布齐沙漠（内蒙古）、腾格里沙漠（内蒙古、甘肃）、巴丹吉林沙漠（内蒙古）、柴达木盆地沙漠（青海）、库木塔格沙漠（新疆）、吉尔班通古特沙漠（新疆）、塔克拉玛干沙漠（新疆）；四大沙地全部集中在内蒙古，分别是浑善达克沙地、科尔沁沙地、毛乌素沙地以及呼伦贝尔沙地。中国的八大沙漠和四大沙地全部集中在北方，这也是为什么沙尘天气总是出现在北方了。

境外沙源地即蒙古国南部沙地，那里的沙尘也是中国沙尘天气的重要来源。

32 沙尘的主要传输路径

沙尘天气的移动路径与造成沙尘天气的冷空气移动密切相关。从影响中国沙尘天气的主要冷空气来源及其云图特征来看，中国沙尘天气的传输主要分三路。

（1）西北路径

西北路径的冷空气源于北冰洋冷气团，强冷空气自西西伯利亚向东南经北疆、内蒙古西部向东南方向移动，途经巴丹吉林沙漠、腾格里沙漠、乌兰布和沙漠、库布齐沙漠、毛乌素沙地、黄土高原。这类沙尘天气范围大、强度大，危害也大，且出现频率最高，占总数的一半。主要影响西北、华北和东北地区，有时还会影响到俄罗斯东部地区、朝鲜半岛、日本等。

（2）偏西路径

偏西路径的冷空气从中亚翻越帕米尔高原进入南疆西部，沿塔里木盆地东移影响南疆、河西西部及青海北部，主体向偏东方向移动，途经巴丹吉林沙漠、腾格里沙漠、乌兰布和沙漠、库布齐沙漠、毛乌素沙地。这类沙尘天气发生的频率相对较低，主要发生在西北、华北等地，有时还影响到东北地区西部和南部。

（3）偏北路径

偏北路径的冷空气来自极地气团或变性气团，经贝加尔湖、蒙古国南下，途经腾格里沙漠、乌兰布和沙漠、库布齐沙漠、毛乌素沙地和浑善达克沙地。这类沙尘天气发生的频率不高，主要发生在中国西北地区东部、华北地区、东北地区，黄淮地区也有可能发生（董险峰，2008）。

33 沙尘暴预警信号等级划分

沙尘暴来临前，气象部门会向社会发布预警信号。根据沙尘暴出现时间和强度，其预警信号可分为三级，由弱到强分别以黄、橙、红色表示。

沙尘暴黄色预警信号：12 小时内可能出现沙尘暴天气（能见度小于 1000 米），或者已经出现沙尘暴天气并可能持续。

沙尘暴橙色预警信号：6 小时内可能出现强沙尘暴天气（能见度小于 500 米），或者已经出现强沙尘暴天气并可能持续。

沙尘暴红色预警信号：6 小时内可能出现特强沙尘暴天气（能见度小于 50 米），或者已经出现特强沙尘暴天气并可能持续。

34 沙尘天气的防护

严重的沙尘天气会造成空气质量急剧下降、能见度降低，对人们日常生活和生态环境、部分设施农业造成一定影响。当遭遇沙尘天气时，一定要做好防护措施。

（1）沙尘天气发生时，注意防止室内空气污染

① 门窗要关好，如有需要，可用胶条将门窗封严，防止沙尘进入房间。

② 采取湿拖布拖地，湿抹布擦拭，保持房间干净整洁，防止室内灰尘再次飘浮。

③ 可以采用加湿法、洒水法等方式使室内的湿度保持在合适的水平。

④ 在条件允许的情况下，可使用空气净化装置。

（2）如若需要外出，应注意个人防护

① 戴好防护面罩，以降低空气中的浮尘、可吸入颗粒物以及细小的颗粒物对呼吸系统的伤害。

② 可以戴上防风的眼镜，防止沙尘对眼睛的伤害，如果有沙尘进入眼中，不要用手去擦，要用干净的水或者眼药水来冲洗，如果还不舒服，应及时就医寻求帮助。

③ 佩戴好帽子、包头的纱巾等防尘物，以防止风沙对皮肤、毛发和耳朵造成伤害。

④ 外出归来后要立即洗手洗脸漱口，并把鼻子清洗干净，有条件的可以洗澡。外出衣物要及时更换，保持卫生。

另外，风沙天气比较干燥，人们容易出现唇裂、鼻咽干痒等现象，应多喝水，多吃一些富含维生素的蔬菜和水果，保证呼吸道的畅通和湿润，减轻咽喉的不适。

35 沙尘的气候效应有哪些

气候条件影响沙尘的发生，而沙尘对气候也有一定影响，沙尘的气候效应主要有以下几点。

（1）沙尘的“阳伞效应”

沙尘在传输过程中会对太阳短波辐射和地面长波辐射产生散射与吸收，其作用类似于火山喷发时产生的直接辐射强迫，这一现象被称为“阳伞效应”，会导致地面温度的降低。但其辐射强迫存在较大的不确定性。

（2）沙尘的“冰核效应”

粉尘颗粒具有凝结核的作用，对云的生成、云的辐射特征以及降雨等具有直接的气候作用。一种看法是，空气中的沙尘浓度升高会促进其凝聚成核，进而导致更多的降雨，这种看法也被一种数值模式所证实。但气象学家丹尼尔·罗森菲尔德（Daniel Rosenfeld）认为，在荒漠区域，空气中沙尘含量的增多会使得云层中的水分被分散到了更多的沙尘粒子上，从而很难再生成较大的降水粒子。研究发现，造成这种差异的主要因素是区域内沙尘含量的不同。当区域内沙尘含量原本较少时，沙尘的增多会导致更多的降水，而在风沙资源充足的地方，空气中的沙尘浓度本来就很高，则浓度越高对降雨越不利。

（3）沙尘的“铁肥料效应”

目前世界上超过一半的光合作用都是浮游植物完成的，浮游植物可以通过消耗碳来降低大气二氧化碳的含量，从而影响全球气候，被称作海洋中的“生物泵”。铁元素是影响浮游植物生长和消亡的重要因子，而陆地粉尘又是铁的来源。假设以“铁假说”为中心的二氧化碳浓度反馈机理成立，则风沙气溶胶不但可以减弱空气中的阳光辐射，还可以通过对海洋中浮游生物这一“生物泵”数量的调节功能，使大气二氧化碳含量下降，进而影响全球的气候。可见，沙尘对气候变化的间接影响远远超过直接影响（韩永翔 等，2006）。

36 沙尘暴天气的危害

沙尘暴是中国西北部及华北以北等多个地区典型的极端恶劣天气，可能造成房屋倒塌、交通受阻或中断、火灾、人畜伤亡，并对生态环境造成巨大的影响，给人们的生命和财产带来巨大的损失。

（1）对生态系统的影响

每当沙尘暴来临时，飞沙走石，尘土飞扬，所过之处，空气变得污浊不堪，导致患呼吸系统疾病的人越来越多。

（2）对人民群众的生产、生活造成不利影响

沙尘暴轻则造成大批牲畜出现呼吸系统疾病和胃肠病，重则造成大批牲畜“春乏”，刮走肥沃的农田土层、种子和幼苗。同时，沙尘暴也会加剧表层土壤的风蚀和沙漠化，使得植被表面被厚厚一层尘土所掩盖，从而阻碍植被的正常光合作用，导致粮食产量下降。沙尘暴会在几个小时甚至更长时间内遮蔽阳光，并让温度骤降，就像是一把巨大的伞，将大地笼罩在黑暗中，影响人们的情绪。

（3）对生命财产造成损失

2021 年 3 月中旬，一股强劲的风沙严重影响了中国北部，而作为此次沙暴发源地的蒙古国，更是遭遇了一次特大的灾害，导致 10 人丧生、590 人失踪。

（4）对道路运输的影响

沙尘天气会导致空气的能见度下降，对道路交通安全产生很大的威胁，并导致航班无法起降，还会导致汽车和火车的车窗玻璃损坏，甚至引发火车脱轨事故。

（5）对人体健康的伤害

粉尘中的各类有毒化学物质和细菌可能突破防护措施进入人体的口、鼻、眼、耳中，如果不能进行有效的清除，就会对人体脏器产生损害，从而诱发多

种疾病。空气中的高粉尘含量极易导致呼吸道疾病，比如风沙尘肺就是在干旱、半干旱环境下由空气中大量粉尘引发的一种地方性流行病。

此外，沙尘暴天气还会导致土地退化。

37 沙尘暴的防治对策

中国西北、华北、东北（简称“三北”）地区有较大面积的荒漠、戈壁，常年都可能发生风沙，是风沙活动的主要来源。为加速“三北”地区生态环境的改善，党中央、国务院于 1978 年决定在该地区建立“三北”防护林体系工程。此工程涉及我国北方 13 个省（区、市），被誉为“世界生态工程之最”。

“三北”工程建设计划从 1978 年开始到 2050 年结束，历时 73 年，分 3 个阶段 8 期工程进行。习近平总书记指出，“三北”工程建设“是同我国改革开放一起实施的重大生态工程，是生态文明建设的一个重要标志性工程”。“三北”工程在生态文明建设中的作用主要体现在：成为新时代建设生态文明和美丽中国的强大精神动力；大大促进了“三北”地区生态观念的转变；成为我国生态文化建设实践的主阵地。

“三北”工程是国家的标志性工程，带动了全国各地的植树造林活动。据第九次全国森林资源清查（2014—2018 年），全国森林覆盖率 22.96%，森林面积 2.2 亿公顷，其中人工林面积 7954 万公顷，位居全球首位，表明国家在推进生态文明和国际社会发展方面做出了巨大贡献。

38 沙尘暴真的“一无是处”吗

每当沙尘暴来临的时候，沙尘漫天，污染大气，污染环境，令人“闻沙色变”。然而，沙尘暴真的对人类有害无益吗？接下来将为您揭开沙尘暴不为人知的一面。

（1）沙尘暴对酸雨有较好的抑制作用

煤炭是一种常见的能源，它在燃烧过程中会释放出大量的酸性污染物，如二氧化硫、氮氧化物等，这些污染物溶解在雨水和积雪中就会形成酸雨。而沙尘暴则是在干燥、碱性的土壤上形成的，它携带着大量的碱性阳离子，可以有效地中和空气中的酸性污染物，防止酸雨的产生。

（2）黄土高原的形成有沙尘暴的功劳

沙尘暴对黄土高原的形成起到了“搬运”作用。它源源不断地将西北戈壁上的沙尘“运输”到这一地区。百万年来，沙尘不断堆积，形成了独特的黄土高原。而黄河又冲刷黄土高原，将土壤带到下游，不断向下游堆积，为华北平原的形成做出了不可替代的贡献。

（3）沙尘粒子对降水的形成有促进作用

沙粒并不是圆而光滑的，它的表面凹凸不平，非常有利于云中水汽在其上凝聚形成降水。

（4）沙尘对海洋生物的生长有促进作用

沙尘颗粒中含有丰富的铁、磷等元素，能够增加海洋营养物质含量，促进海洋生物的生长与繁殖。

（5）沙尘云对全球变暖具有一定的抑制作用

1991 年 6 月菲律宾的皮纳图博火山爆发，大量火山灰颗粒进入平流层，遏制了自 20 世纪 80 年代开始的全球暖化趋势。这是因为上升到较高大气层的火山灰将大量阳光反射回太空，从而减少了地表吸收的太阳辐射。这就是沙尘的“阳伞效应”。

39 沙尘暴能被完全“消灭”吗

沙尘暴是不会被“消灭”的。据北京林业大学水土保持与荒漠化防治专业的高广磊副教授介绍，沙尘暴形成需要满足三个条件：干燥松散的沙物质、大风、不稳定的大气层结。而这三者中的任何一个都不能被人为地彻底清除，所以沙尘暴是无法根除的。人类只能尽力去减少它的发生。

也有学者认为，长期的地球历史过程中，沙尘天气始终伴随着风沙活动，对全球生态体系的发生与发展具有重要影响。沙尘天气过程中所携带的大量矿物及养分，在提高土壤养分含量、提高作物产量方面具有重要作用。同时，它也可以加速冰川的生成与发育，驱动大气与海水的流动，从而对地球的气候变化产生一定的影响。所以，专家相信，沙尘暴是自然界的一种现象，没有必要追求彻底“根治”，而且它对生态环境也有利的一面。

冰雹灾害

40 冰雹定义

冰雹是坚硬的球形、锥形或不规则的固态降水物。其直径一般为 5 ～ 50 毫米，最大可超过 100 毫米。在气象观测中，降雹时取单粒冰雹中最大冰雹的最大直径作为冰雹直径，以毫米为单位，取整数。从降雹开始到结束的时间为降雹持续时间，24 小时内有多次降雹时，则计算多次降雹的总持续时间，以分为单位，取整数。降雹后如地面有雹粒堆积，取降雹集中地区的平坦地面测量从冰雹表面到地面的垂直深度，为冰雹堆积厚度，并且须从不同方位作三次测量，取其平均值，以厘米为单位，取整数。按照冰雹等级划分标准（GB/T 27957—2011），以冰雹的直径对冰雹进行分级，以毫米（mm）为单位（表 3）。

表 3　冰雹等级划分　　单位：毫米

等级	冰雹直径（D）
小冰雹	$D < 5$
中冰雹	$5 \leqslant D < 20$
大冰雹	$20 \leqslant D < 50$
特大冰雹	$D \geqslant 50$

雹灾是指降雹和与之相伴而生的雷电、大风等灾害，会给农业、建筑、通信、电力、交通、旅游等行业和人们生命财产带来损失。

41 冰雹灾害的空间分布特点

冰雹活动除受天气系统的影响外，还受地形等因素的影响。中国幅员辽阔，地形复杂多样，而且中国高原面积居世界首位，大气环流异常复杂。因此，中国的雹灾具有地域广、影响范围大等特点。依据相关资料，中国雹灾的空间分布格局有以下四个方面的特点。

（1）雹灾影响面积很大。中国大部分地区均发生过雹灾，受灾县数占全国总县数的近一半，表明雹灾的分布范围很广。

（2）雹灾分布具有很强的离散性。降雹点多发生在个别县（市）。

（3）雹灾分布具有明显的局地性。青藏高原东部山区雹灾频发，而华南沿海及海南岛很少降雹。

（4）中国冰雹灾害的总体分布格局是中东部多、西部少，空间分布呈现“一区域、两条带、七个中心”的格局。其中“一区域”指包括长江以北、燕山一线以南、青藏高原以东的地区，是中国雹灾的多发区；“两条带”指中国第一级阶梯外缘雹灾多发带（特别是以东地区）和第二级阶梯东缘及以东地区雹灾多发带，是中国多雹灾带；“七个中心”指散布在两个多雹带中的若干雹灾多发中心：东北地区高值区、华北地区高值区、鄂豫高值区、南岭高值区、川东鄂西湘西高值区、甘青东高值区、喀什阿克苏高值区。

42 冰雹灾害的时间分布特点

历时短：一次狂风暴雨或降雹时间一般只有 2 ～ 10 分钟，少数可以超过 30 分钟。

日变化：降雹的时间以下午到傍晚为最多，因为一天中这段时间的对流最强。

季节变化：冰雹大多出现在 3—10 月。在这段时期，冷、暖空气活跃，冰雹容易产生。一般而言，中国的降雹多发生在春、夏、秋三季。

年际变化大：在同一地区，有的年份连续发生多次雹灾，有的年份雹灾发生次数很少甚至不发生。

43 冰雹灾害的预防和灾后的急救措施

若在房间内，应立即关闭窗户，避免因玻璃破裂而剐伤人。如在户外，应快速躲入大楼等能抵御坠落物体的建筑内，以防止头部受伤。要把牲畜和家禽送到有遮篷、安全的地方。针对户外作物，要在降雹前做好防护工作，尽量将作物覆盖。由于冰雹冲击强度较大，长期影响会使疏松土壤变硬，导致土壤温度降低，田间湿度上升，从而影响农作物根的生长。冰雹灾害过后，对土壤进行适时的翻松，同时要注意清理沟渠，减少地面水分。尤其是在黏性土壤区，要防止因土壤变硬而导致作物枯死。清理地里的残枝败叶，把植株扶正时切勿对作物叶片造成人为伤害，也不应剪去破损的叶片，否则会减小叶片的光合作用量，阻碍植株的恢复。雹灾过后，应适时施用有效氮肥，提高植株养分水平，加快植株的生长，减轻灾害损失。

高温灾害

44 高温灾害定义

我国一般把日最高气温达到或超过 35 ℃的天气称为高温天气，连续数天（3 天以上）的高温天气过程称为高温热浪（或称为高温酷暑）。

世界气象组织（WMO，World Meteorological Organization）建议高温热浪的标准为：日最高气温高于 32 ℃，且持续 3 天以上。

荷兰皇家气象研究所则将高温热浪定义为：日最高气温高于 25 ℃，且持续 5 天以上，其中至少有 3 天最高气温高于 30 ℃。

美国、加拿大、以色列等国依据综合考虑温度和相对湿度影响的热指数（也称显温）发布高温警报。例如，美国发布高温预警的标准是：当白天热指数连续两天有 3 小时超过 40.5 ℃或者预计热指数在任一时间超过 46.5 ℃发布高温警报。

德国科学家基于人体热量平衡模型，制定了人体体感温度指标，当人体生理等效温度（PET）超过 41 ℃，热死亡率将显著上升，因此以 PET 大于 41 ℃为高温热浪预警标准。

依据《气象灾害风险评估技术规范 第 3 部分：高温》（DB50/T 583.3—2015），高温灾害是指极端高温或持续性高温天气过程对人体健康及社会经济发展带来的危害和不利影响。

45 高温灾害标准

依据《气象灾害标准》（DB50/T 270—2008），高温灾害分为轻度、中度和严重三个等级。轻度高温的标准为日最高气温≥35 ℃且<37 ℃，中度高温的标准为日最高气温≥37 ℃且<40 ℃，严重高温的标准为日最高气温≥40 ℃。

46 近年来中国哪些地方发生过高温灾害

20 世纪 90 年代末以来，中国高温日数呈明显增多趋势。1999 年 6 月下旬到 7 月上旬，北京、天津及河北石家庄、保定、张家口等地出现连续 9 天 35 ℃以上的高温天气；7 月下旬，华北地区再次出现连续 8 天高温天气，7 月 24 日，北京最高气温达 41.9 ℃，创历史极值。

2003 年南方出现罕见高温热浪。2003 年夏季，长江中下游地区、华南北部及四川东部、重庆等地出现 38 ～ 40 ℃高温，局部地区极端最高气温达 40 ～ 43 ℃。浙江和福建的部分地区 40 ℃以上的高温有 5 ～ 10 天，其中浙江丽水达 14 天。持续高温使中暑人数明显增多，南京市两家医院仅 1 天收治中暑患者就超过 400 人。

2006 年夏，重庆、四川东部、湖北西部、陕西南部等地遭受罕见的持续高温热浪袭击。7 月 11 日—8 月 31 日，重庆市 38 ℃以上高温天气达 21 天。8 月 15 日，重庆有 28 个区（县）最高气温超过 40 ℃；8 月 6—10 日，四川乐山市仅市人民医院和市红十字会医院救治“热病”患者就有 6000 多名。

2013 年中国南方出现了 1951 年以来最强高温热浪，有 337 个县最高气温达超过 40 ℃，有 372 站次高温突破历史极值。这次南方罕见高温热浪导致上海、湖北、江苏、江西、浙江、湖南等多地出现中暑死亡病例，呼吸系统疾病和心脑血管系统疾病人数猛增，7 月上海中心城区 13 人因高温中暑死亡[①]。

47 高温灾害的时间分布特点

根据 1981—2010 年平均最高气温数据，7 月下旬—8 月上旬是中国大部分地区最热期[②]。但高温天气集中出现的时段有明显的地域差异，如华北地区一般为雨季之前的 6—7 月。在气候变化的背景下，高温灾害的时间分布也有可能出现变化。

48 高温灾害的预防[③]

天气炎热时，应注意四点。

---

① 引自中国气象科普网《高温与脆弱人群》。

② 引自中国气象科普网《“七下八上”最热时段来临　南方持续高温》。

③ 引自中国气象局气象宣传与科普中心《高温来了怎么办？》。

衣着方面：应穿吸汗、宽松、透气的衣服，贴身的衣服以纯棉制品为主，多穿一些颜色较浅的衣服，要经常清洗，经常更换。

饮食方面：多喝淡盐开水、凉茶、绿豆汤等，避免过量食用冷饮。建议以清淡为主，不要食用残羹冷炙。

生活方面：适当延长午睡时间，确保充足的睡眠；风扇切勿长期对人体直吹；室内最适宜的温度为 26～28 ℃，不要与室外温差过大；不宜在阳台或户外休息，应寻找阴凉处休憩。

出行方面：尽可能地少在室外工作或活动；勿长时间暴晒于阳光之下，尤其不要在太阳底下进行体育锻炼；出门时要做好必要的防护，例如撑伞、涂防晒霜等，随身携带足够的水和防中暑药物；出大汗后不要马上冲凉水澡；警惕汽车自燃，经常查看车况，不要让车“带病”上路；如发现有人出现热射病，应立即送往凉爽、通风的地方，并拨打“120”求救。

49 高温灾害的影响[①]

一是高温造成人体疲劳，增加了中暑、肠道疾病及心血管疾病的发生率，并易导致工作效能下降；二是夏季对水力发电的需求急剧增加，导致水、电资源紧缺，事故频发；三是气温升高导致土壤、农作物的蒸散发消耗大量的水，引发干旱或加重干旱，对农业产生了巨大的不利影响；四是长时间的气温高、降水少容易引发森林、草原火灾，严重损害生态环境。

50 高温在全国和内蒙古自治区的分布特征

中国所跨纬度较大，受不同大气环流背景、下垫面性质的影响，高温分布表现出较强的区域性特征。东南部和西北部是两个年高温日数高值区，全年高温日数一般有 15 ～ 30 天，新疆吐鲁番达 99 天，为全国之最。江南部分地区及福建西北部年高温日数在 35 天左右。重庆年高温日数也较多，平均有 35 天[②]。

根据郭春华等（2023）的研究，除东南沿海外，中国的高温日数在空间上

① 引自中国气象科普网《高温的影响　关系各行各业》。

② 引自中国气象科普网《我国高温的分布特征》。

的分布呈现出东南和西北高、中间低的情况，并且大致呈现由东南和西北两端向中间递减的趋势。

根据《内蒙古气象灾害风险评估与区划报告》，内蒙古高温日数整体上呈自东北向西南逐渐增多的分布（图 6）。1961—2021 年，内蒙古平均高温日数为 0～32 天，呼伦贝尔市北部、赤峰市西部、锡林郭勒盟南部、乌兰察布市大部分地区、呼和浩特市大部分地区、包头市大部分地区、巴彦淖尔市北部及鄂尔多斯市中部偏东等地，高温日数均不足 1 天；乌海市、阿拉善盟中西部高温日数在 10 天以上，拐子湖站高温日数年平均达 32 天；其余大部分地区在 1～10 天。

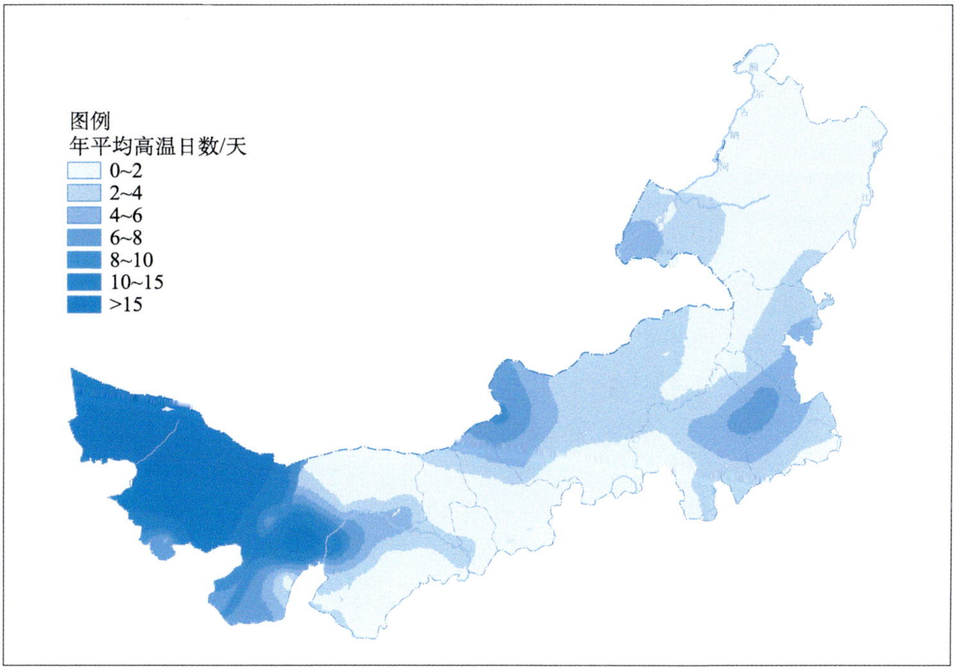

图 6　1961—2021 年内蒙古地区年平均高温日数空间分布

51 高温预警信号的标准和应对措施

根据中国气象局 2017 年发布的《气象灾害预警信号发布与传播管理办法》，高温预警信号分黄色、橙色、红色三种。

高温黄色预警的标准为连续三天日最高气温将在 35 ℃以上。建议采取以下措施：有关部门和单位按照职责做好防暑降温准备工作；午后尽量减少户外活动；对老、弱、病、幼人群提供防暑降温指导；高温条件下作业和白天需要长时间进行户外露天作业的人员应当采取必要的防护措施。

高温橙色预警的标准为24小时内最高气温将升至37 ℃以上。建议采取以下措施：有关部门和单位按照职责落实防暑降温保障措施；尽量避免在高温时段进行户外活动，高温条件下作业的人员应当缩短连续工作时间；对老、弱、病、幼人群提供防暑降温指导，并采取必要的防护措施；有关部门和单位应当注意防范因用电量过高，以及电线、变压器等电力负载过大而引发的火灾。

高温红色预警的标准为24小时内最高气温将升至40 ℃以上。建议采取以下措施：有关部门和单位按照职责采取防暑降温应急措施；停止户外露天作业（除特殊行业外）；对老、弱、病、幼人群采取保护措施；有关部门和单位要特别注意防火。

52 高温灾害容易引发哪些疾病①

热疹：在炎热、潮湿的天气中，由于出了过多的汗，导致皮肤长红色皮疹，也就是俗称的“痱子”。热疹看上去就像是一团红疙瘩或者是一团小小的水泡，多发于颈部、上胸、腹股沟、胸部及肘部。这种病在各个年龄段都有可能出现，但是在婴幼儿、青少年中比较常见。稍凉后，疹子就会自动消退。

日晒伤：在暴晒后体温不正常地上升，肌肤发红，能感觉到痛，就是日晒伤。尽管被太阳晒伤带来的不适感一般比较小，一星期之后就会消失，但是对肌肤还是有一定的危害，应该尽可能地防止。

热痉挛：属高温热射病的一种。在炎热环境下工作，由于大量出汗，大量盐分随着汗水被排出，导致四肢及腹壁肌肉出现痉挛。高温时的疲劳是热痉挛的预警信号，应提高警惕。

热衰竭：由高温造成的一种较为轻微的健康问题。这可能是由于在炎热的环境下，体内水分的补充不够，或者体内水分、盐、矿物质失衡，也就是说，人出了很多汗，身体失去了过多的水分和盐，经过数日的累积而造成了疾病。老年人、高血压病人、高温环境下从事繁重的运动或劳作的人更容易出现热衰竭。

① 引自中国气象科普网《高温病，怎么防？》。

暴雨洪涝灾害

53 什么是暴雨

中国气象部门关于暴雨的划定，是以 24 小时降水量大于或等于 50 毫米、12 小时降水量大于或等于 30 毫米为标准的。但是，降雨在一定时间内的不同分布态势会给人不同的感觉。例如，50 毫米降雨如果均匀分布在 24 小时，只是细雨纷飞，但如果集中在很短时间内，就是暴雨倾盆。按照降水量大小，又可进一步分为暴雨、大暴雨、特大暴雨三个等级。

暴雨：24 小时降水量大于或等于 50 毫米且小于 99.9 毫米的降水，12 小时降水量大于或等于 30 毫米的降水，这是最普通的暴雨，站在雨中与用花洒淋浴的感觉差不多。

大暴雨：24 小时降水量大于或等于 100 毫米且小于 250 毫米的降水，12 小时降水量大于或等于 70 毫米的降水，相当于用无数瓶矿泉水向你头顶浇水。

特大暴雨：24 小时降水量大于或等于 250 毫米的降水，12 小时降水量大于或等于 140 毫米的降水，就是暴雨中的终极“大老板”。想象一下用盆向你泼水的感受吧（丁一汇 等，2009）。

54 洪涝灾害特点

长江、黄河、淮河、海河的中下游地区，一年四季都可能发生洪涝灾害；华南、长江中下游、沿海地区容易发生春涝；长江流域、东南沿海、黄淮平原主要发生夏涝，夏涝也是中国的主要涝灾。东南沿海和华南地区主要发生秋涝，多为台风雨。洪涝发生的季节性与各地的月平均降水量密切相关。图 7 为全国易受洪涝影响城市逐月降水量示意图，除沙漠、极端干旱地区和高寒地区外，中国大约 2/3 的国土面积都存在着不同程度和不同类型的洪涝灾害，其有着发生频繁、突发性强、损失大、普遍性及可防御性的特点（章国材 等，2012）。

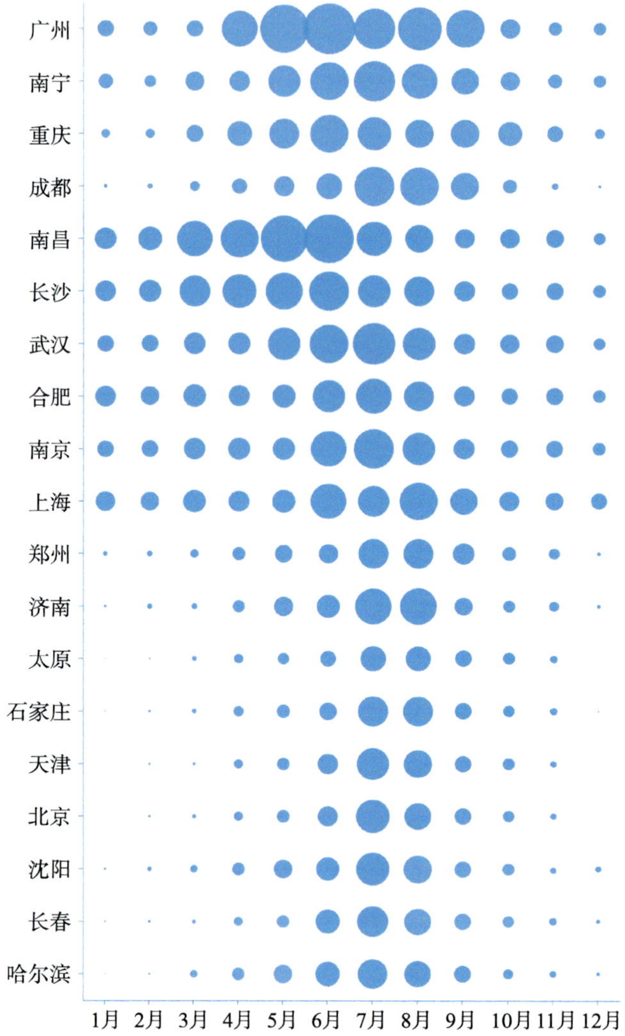

图7　全国易受洪涝影响城市逐月降水量分布示意图

（数据基于各城市1991—2020年逐月平均降水量）

55 暴雨洪涝灾害多发生在哪些地区

（1）世界洪灾多发区

洪涝灾害主要发生在多台风暴雨的地区，如孟加拉北部及沿海地区、中国东南沿海、日本和东南亚国家、加勒比海地区和美国东部近海地区等；在一些国家的内陆大江大河流域也容易出现洪涝灾害。

（2）中国洪灾多发区

中国主要的雨涝区分布在大兴安岭—太行山—武陵山以东。

中国雨涝分布总的特点是：东部多，西部少；沿海多，内陆少；平原湖区多，高原山地少；山脉东、南坡多，西、北坡少（田国珍 等，2006）。

56 暴雨洪涝灾害主要指哪些

暴雨洪涝灾害是由暴雨导致的承灾体所无法抵抗和防御而造成的一种灾害。暴雨持续时间长，易造成河道水位快速上涨，引发江河洪水暴发，引发特大洪涝灾害。山地地区暴雨极易引发山洪、滑坡和泥石流等灾害，给公共设施和交通、电力等行业带来巨大的经济损失，严重时还会危及人民生命安全。当暴雨雨量超出城区排涝容量时，将引起城区内涝。

57 中国各流域暴雨洪涝灾害的特点

（1）长江流域

该地区的洪涝主要由特大降雨造成，多发生于5—10月，7—8月是主汛期。总体而言，中游和下游可能发生洪涝的时间比上游要长，而南部的河流要比北部的时间长。若各主要分支的洪涝发生期偏早或偏晚，且上、下游和南、北两岸的多条河流在主干交汇，则有可能形成范围广、历时长的特大洪水。

（2）黄河流域

洪水主要由暴雨或冰凌解冻形成。伏汛发生在7—8月，秋汛发生在9—10月。凌汛在黄河下游发生在1—2月，在宁夏、内蒙古河段多发生在3月底，因正值桃花开放，故也称“桃花汛”。黄河以泥沙多而闻名于世，其洪涝灾害的特征是由洪水、泥沙决定的。黄河曾经有7次大的河道迁徙，对黄、淮平原水系、地貌的变化产生了极大的影响。

（3）淮河流域

淮河流域有三分之一的山地和三分之二的平原。在公元 1128 年黄河入淮之前，淮河已成为一条完整的河流系统，但人们对它的认识还不够深入。由于黄河南泛侵淮，使淮河水系紊乱、河道堵塞，洪水灾害更加严重。尽管黄河 1855 年北迁，但淮河流域的洪涝灾害仍十分严重。

淮河流域内的特大洪水多是由梅雨造成，局部地区的洪水则多是由台风或暴雨所致。汛期主要集中在 6—8 月，其中 7 月是最容易发生洪涝的月份。洪泽湖及中游地区有一系列湖沼洼地，坡度陡峭，水流湍急；中游河道较为平缓，洪峰流量集中，下泄缓慢；下游洪泽湖形成了“悬湖”，对广大平原地区的生态环境构成了一定的威胁。

（4）海河流域

海河流域是中国政治、经济、文化中心地区，也是降水多发区，降水强度与降水年内变异也较显著，全流域山地丘陵区占 54%、平原占 46%。海河水系如一个巨大的扇面，其中每一条河流的上游都是燕山和太行山山区，而这两个区域都是降雨非常多的地方，所以水流速度很快、峰值很大。在过去的岁月里，由于黄河的不断侵袭和侵蚀，再加上北方运河的制约，海河流域的河道泄洪能力减弱，洼地淤积淤塞，以致洪涝灾害频发。

（5）珠江流域

珠江流域山地占 94.4%，平原占 5.6%。4—7 月是以热带季风为主导的前汛期，8—9 月是以台风为主的后汛期。这里的强降雨具有面积广、雨量大、强度强等特点，易形成峰值高、强度大、历时长的洪涝灾害。

（6）松花江流域

松花江流域山地丘陵占 60%，平原占 40%。该地区的洪涝灾害主要因大雨而形成，7—8 月为夏汛，4 月可能发生凌汛。松花江各大主要支流的洪峰流量均存在明显的年内变异。长白山西部山地低山丘陵地带及大、小兴安岭东南部地区降雨较为密集，且发生洪涝灾害的频率较高。

（7）辽河流域

辽河流域的暴雨洪涝多集中在 7—8 月，暴雨雨量集中在辽河下游及辽河以东的支流。辽河地区洪涝灾害具有峰值高、量小、持续时间短的特点。

（8）太湖流域

太湖盆地内有 80% 的平地，地势呈碟状，四周高、中部低，年降水量 1177 毫米，以夏天降雨为主。该地区河流的比降率较小，落差较小，水流非常缓慢，因此其泄水能力较低。每当大雨来临时，江河湖泊水位陡升，加之水系中的积水位顶起，排水受阻，高水位维持较久，容易引发洪水（王静静 等，2010）。

58 暴雨洪涝灾害会产生哪些衍生灾害

一是使生态系统受损，生物多样性急剧下降，破坏了生态平衡；二是使农田、房屋和低洼地带被淹没，导致财产损失，大量人口流离失所；三是蚊蝇滋生，各类有害生物积聚，导致传染病暴发；四是食物和水源遭到污染，引发消化系统疾病的暴发与蔓延。

59 暴雨洪涝灾害的预防

在低地居住区，可以根据实际情况采取砌墙、在入口处设置挡水板和小型水泵等“小包围”的方法。在洪灾发生之前，收集木盆、木料、大型泡沫塑料等适宜漂流的物品，并准备好药物和通信工具。洪灾发生时，在房间里的人要关掉所有的电源及燃气总闸，以免洪水涌入时带电伤人。千万别想着抢救财产，人员赶快躲到屋顶上，并马上打电话呼救。洪水来袭时，如在室外，应及时终止所有的活动，逃离险境。如果看到输电线路的杆塔倾斜，意味着导线的断头会落向地面，必须尽快离开。绝对不能泅水逃生，不能攀登带电的电线杆和铁塔，也不能躲在土坯房子的房顶上。如遭遇洪水围困，应第一时间联系地方政府部门的防洪主管机关，主动求助。若水位持续上升，临时避难所难以自救，应尽快使用事先备好的救生设备，或快速找到木板、桌子、木床等可供漂流的物质，制成木筏，以供撤离。对晚上的大雨尤其要重视，警惕老旧房屋坍塌造成人员伤亡。

雷电灾害

60 雷电定义

雷电是雷暴天气的重要组成部分，是雷暴天气的一种表现。雷电就是人们常说的闪电，是自然大气中超强、超长放电现象，对地闪电的峰值电流一般为几万安，亦可超过 10 万安。闪电放电通道一般长几千米，也可见到长数十千米甚至 400 千米的云放电通道。闪电放电是一种瞬时放电过程，整个过程持续时间一般不到 1 秒。闪电放电的可见部分（云外）一般呈现多分叉的现象，有明显的发光闪烁，其出现时间与地点具有随机性（陈渭民，2008）。

61 大气中的雷电分类以及哪一类最危险

根据闪电部位可分成云闪和地闪两大类。其中云闪是指不与大地或地物接触的闪电，它包括云内闪电、云际闪电和云空闪电。地闪是指云内荷电中心与大地或地物之间的放电过程，亦指与大地或地物放电通道接触的闪电。前者对飞行器危害大，后者对建（构）筑物、电子电气设备和人、畜危害甚大，是雷电防护最重要的部分。

根据闪电的形状又可分为线状闪电、带状闪电、球状闪电和链珠状闪电。线状闪电可在云内、云间、云与地面间产生，其中云内、云间闪电占大部分，而云与地面间的闪电仅占六分之一，但其对人类危害最大（陈渭民，2008）。

62 雷电的破坏作用

雷电的危害主要是由热效应、机械效应、电磁效应、静电效应、电磁辐射效应、雷电反击效应、冲击波效应等造成。闪电产生的强大电流、高温、强烈的冲击波、剧烈的电磁场和强电磁辐射等多种物理作用，严重威胁着人类和环境，会导致人员伤亡、火灾、爆炸等重大损失。闪电的危害范围很大，涉及人类生活、生产的方方面面，如农林牧业等（肖稳安 等，2010）。

63 为什么树大容易遭雷击

人们常说“树大招风”，其实树大更招雷。大树为什么会招雷呢？这其实还是静电感应和尖端放电惹的祸。

在闪电密集的区域，每当雷雨交加，就会有雷云降临，而生长茂盛的树叶上凝结着的数不清雨滴都是带电粒子，很容易和雷云发生电磁反应。一般来说，雷云越低处带有负电荷越多，而叶子上的雨滴带有正电荷。雷云和树木之间的电场强度高达 25～35 千伏 / 厘米，会产生击穿放电。击穿放电的雷电就会穿过周围的大气，在树木间形成强度高达 100 千安的强大电流，它能把一棵树劈成两半，所散发出来的高温足以把树木烧成灰烬。另外，雷云和树木间的雷电过后，树枝上的水珠还没有完全消失，如果被雷电击中，很容易造成“雷反击”，产生极高的电压，对附近的人和动物都会造成很大的伤害。因此，在农村地区，特别是在水电厂附近，要对高大的树木进行雷电防护处理。据了解，在承德、上海、青岛等地，一些珍贵的古老树木已经采取了防雷措施（肖稳安 等，2010）。

64 雷电袭击人体的形式有哪些

（1）直接雷击

所谓直接雷击是指闪电直接击中受害者，这种情况下，受害者至少在开始时身体会通过全部雷电电流，而且最大可能是雷电流从头部输入，经躯干，由脚底进入大地。这是雷击伤害最严重的情况，会导致死亡。被雷电击中之后，虽然会发生瞬间昏迷，但如果呼吸和心跳都没有停止，或处于假死状态，即虽然呼吸、心跳停止，但身上没有紫色的斑块或斑点，仍应积极抢救。

（2）接触雷击

接触雷击是指雷击中其他物体时，与雷击物体接触的人受到的雷击，接触雷击往往使受害者短时麻痹，有时也会昏迷甚至死亡，但总的来讲，它比直接雷击造成的伤害要轻。接触雷击发生的概率比直接雷击高得多。

（3）旁侧闪击

旁侧闪击和上面讲的接触雷击都是雷电没有直接击中受害者，而是击中受害者附近的物体，由于被雷击物带高电位，而向它附近的人或物闪击放电。有时，由于较远地方的物体受雷击，能通过金属线输送高电位，或感应产生高电位与附近的人发生旁侧闪络，造成人员伤亡或物品损毁。图 8 显示了由于感应产生的高压电压通过输电线路传输导致室内人员受伤或设备受损。

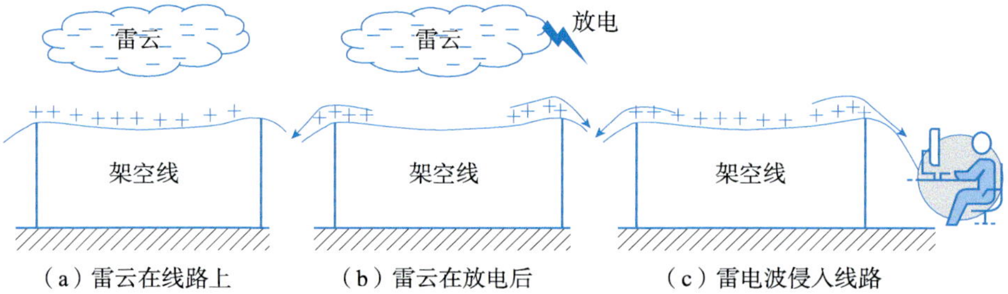

图 8　闪电电涌侵入过程

（4）跨步电压

在发生雷击时，闪电会通过地线向地下扩散，对周边土体造成一定的压力损失，并且这种损失会随闪电进入场地的远近而逐渐降低，从而导致地表上的各点间形成一定的电位差。当人体站立于非均匀电势分布的地上时，人双足间会产生一种电势差，该电势差与电流强度、土壤电阻率分布及跨步长度等因素有关，相同土壤条件下，随着电流强度和步距的增大，该电位差也随之增大。在实际工作中，人们通常将人一步迈出的步幅设为 0.8 米，并将此间距的两端所产生的电位差称作跨步电压。如果电流过大，该电位差超出人体所能承受的范围，就会造成电击致死（肖稳安 等，2010）。

65 打雷时应注意哪些问题

不可停留在山顶、山脊或建筑上；不要在没有防雷设施的小楼、车库附近逗留；禁止在铁栅栏、金属晾衣绳、高空金属物体和铁轨周围停留；禁止在游泳池、湖泊、沙滩或孤立树木下逗留；快速进入有雷电防护设施的建筑（结构）、各类有金属顶盖的汽车或有金属外壳的船只中躲避；如找不到安全处躲避，则应立刻屈膝，身体前屈，双臂环抱膝盖蹲于低洼处（焦雪 等，2020）。雷暴天气发生时，电视的户外天线应从电视上拆下，并与地线相连。在雷暴天，为避免雷电进入房间而引起伤害，应关闭房门和窗户。在雷雨天气中，人们应尽可能少使用电子产品，把电器插头拔下来；切勿接近房间内的金属设备，例如散热器、水管等；尽量远离电源线、电话线、广播线等，避免二次放电对身体造成伤害。避免衣物湿透，远离湿墙（焦雪 等，2020）。

66 雷雨中感觉头发麻、手发痒怎么办

在雷暴天气里，如果你觉得自己的头、颈、手等地方好像有蚂蚁在爬，或者头发竖起来，皮肤颤抖，那就说明你要被雷电击中了，要马上躺在地面上，或者快速到地势较低的干燥坑洼或者干燥的水沟里躲藏起来。可以用塑料薄膜或雨衣覆盖地面，人躺在其上或两足并拢蹲坐。

67 拨打手机会引雷吗

2021 年中国互联网联合辟谣平台、科学辟谣平台等联合发布了“8 月科学流言榜”，共总结了包括“雷雨天气使用手机会引来雷击”等 6 条流传广泛的谣言。专家对“手机是否会引来雷击”做出了正确的解答，不管是拿着手机或是正在用手机通话，都不会改变闪电的方向，也就是说，使用手机不会增大被闪电击中的概率。在一定的气象条件下，云中不同种类的粒子由于相互撞击和摩擦，会积累电荷，当其积累到一定程度时，云与云间或云与地物间的电位差升高，导致大气被击穿，从而产生闪电。这样的电流将会优先选择靠近和低阻力的通路。由于手机尺寸较小，对改变人体高度和电阻几乎没有什么作用，使用手机并不会产生更优的“放电通道”（张丁夕 等，2022）。

68 被雷击后身体有什么反应

如果不幸被雷电击中后，身体将会出现如下一些症状。

线状疤痕：由于电流通过人体，人体内的汗水等蒸发，一般腋下、乳房下面等出汗多的部位会出现疤痕。

全层灼烧：由于手表、项链等金属物体受热或熔化而在皮肤表面引起灼伤。

斑痕：一般情况下，这是由于电流脱离人体而产生的，所以多出现在脚掌或脚趾上。当高温气化的雨滴落到人体上时，也会造成这样的伤口。闪电的持续时间仅为数微秒，而其表皮也极难传导电流，所以从外表来看，似乎只是被烫到了毛发和一些轻微的灼伤。

神经系统的创伤：当电流从大脑涌入身体，沿着最弱的路径找到出路时，人体就会受到300伏的电压，强大的电压会对神经元造成损伤，甚至造成脑出血，大脑可能会受到永久性的伤害。

视力损伤：雷电所致的眼部损害是非常普遍的，虽然其具体发生率未知，但在全部损害中，双侧性白内障最为常见（肖稳安 等，2010）。

69 现代防雷技术主要有哪些

现代化的雷电防护分为室外雷电防护和室内雷电防护两大类。室外防雷是指在建筑物的外侧采取避雷的方法，把闪电从建筑物的外侧截去，从而使建筑物内部的人、动物及建筑物本身免遭闪电袭击。室内防雷就是对室内所有的可能传导及引发闪电的路径采取防护措施，以阻止雷击对室内的人员、电器、电子设备造成破坏。

现代防雷技术措施可简单地归结为A、B、C、D、G、S六个字母，中文意思是“躲”（avoid）、“等电位连接”（bonding）、“传导”（conducting）、“分流”（dividing）、“接地”（grounding）和“屏蔽”（shielding）。

在现代防雷工程技术上采用“躲”的措施，是一条非常重要的且经济有效的措施。也就是说，在建筑选址、规划时要考虑到雷电防护问题，避开多雷区或容易发生雷击的地方，从而降低防雷成本，避免以后面临的困难。

等电位连接，从物理学讲，就是把各种金属物直接连接起来，以保证电位相等。完善的等电位连接可以消除因地电位骤然升高而产生的“反击”现象，这在微波站天线塔遭到雷击后是经常遇到的。

传导的作用是把闪电的巨大能量引导到大地内耗散掉，当然也可以研究其他方法来吸收、耗散它的能量，使它不能对被保护的对象产生破坏作用。

分流的作用是把沿导线传入的过电压波经避雷器分流入地，也就类似于把雷电流的所有入侵通道拦截了，而且不止一级拦截，可以多级拦截。

接地是闪电的能量泄放入地，接地措施在防雷措施中是基础，如果没有它，等电位连接、传导、分流三个防雷措施就不可能达到预期的效果，接地是否妥当，是防控技术上特别受重视的环节，各种防雷规范都对接地措施做出了明确的规定。同时，接地也是防雷设计中的一个重要环节。

屏蔽就是用金属网、箱、管等导体把需要保护的对象包裹起来，拦截闪电的脉冲电磁场从空间入侵的通道，力求让闪电“无隙可钻”。各种屏蔽都必须妥善接地，所以措施“B、C、D、G、S”五者是一个有机联系的整体防雷体系，全面实施才能收到万无一失的效果（肖稳安 等，2006）。

雪灾

70 雪灾定义

雪灾主要是指由于大量的降雪与积雪，而应灾环境非常脆弱，承灾体非常敏感，导致对畜牧业生产以及人们日常生产、生活造成一定危害及损失的一种气象灾害。大雪过后，地面上的草会被雪所掩盖，牲畜采食不到足够的食物，只能活活饿死，因此，人们把暴风雪称为白灾。白灾会给人民群众的生产和生活带来极大的危害，特别是对畜牧业的危害很大（杨慧娟 等，2006）。

71 雪灾发生的时、空分布特征

在中国，雪灾影响范围甚广，南、北方皆出现过雪灾，从地区来看，雪灾易发区主要集中在三大区域，即青藏高原、新疆北部、内蒙古和东北地区一带。

近 30 年的年平均积雪日数统计数据显示，内蒙古东部、黑龙江和吉林大部分地区及新疆北部地区年均雪量最多，部分地区每年有 50 多天被雪覆盖。全年范围内，11 月—翌年 3 月为全年积雪最多的时期，除了华南以外，12 月有超过 2/3 的国土被大雪覆盖，内蒙古东部、黑龙江、吉林、新疆北部地区有超过 25 天的降雪，局部地区可能有持续一个月的降雪。

72 暴雪预警信号及防御指南

（1）暴雪蓝色预警信号

标准：12 小时内降雪量将达 4 毫米以上，或者已达 4 毫米以上且降雪持续，可能对交通或者农牧业有影响。

防御指南：

① 政府及有关部门按照职责做好防雪灾和防冻害准备工作；

② 交通、铁路、电力、通信等部门应当进行道路、铁路、线路巡查维护，做好道路清扫和积雪融化工作；

③ 行人注意防寒防滑，驾驶人员小心驾驶，车辆应当采取防滑措施；

④ 农牧区和种养殖业要储备饲料，做好防雪灾和防冻害准备；

⑤ 加固棚架等易被雪压的临时搭建物。

（2）暴雪黄色预警信号

标准：12 小时内降雪量将达 6 毫米以上，或者已达 6 毫米以上且降雪持续，可能对交通或者农牧业有影响。

防御指南：

① 政府及相关部门按照职责落实防雪灾和防冻害措施；

② 交通、铁路、电力、通信等部门应当加强道路、铁路、线路巡查维护，做好道路清扫和积雪融化工作；

③ 行人注意防寒防滑，驾驶人员小心驾驶，车辆应当采取防滑措施；

④ 农牧区和种养殖业要备足饲料，做好防雪灾和防冻害准备；

⑤ 加固棚架等易被雪压的临时搭建物。

（3）暴雪橙色预警信号

标准：6 小时内降雪量将达 10 毫米以上，或者已达 10 毫米以上且降雪持续，可能或者已经对交通或者农牧业有较大影响。

防御指南：

① 政府及相关部门按照职责做好防雪灾和防冻害的应急工作；

② 交通、铁路、电力、通信等部门应当加强道路、铁路、线路巡查维护，做好道路清扫和积雪融化工作；

③ 减少不必要的户外活动；

④ 加固棚架等易被雪压的临时搭建物，将户外牲畜赶入棚圈喂养。

（4）暴雪红色预警信号

标准：6 小时内降雪量将达 15 毫米以上，或者已达 15 毫米以上且降雪持续，可能或者已经对交通或者农牧业有较大影响。

防御指南：

① 政府及相关部门按照职责做好防雪灾和防冻害的应急和抢险工作；

② 必要时停课、停业（除特殊行业外）；

③ 必要时飞机暂停起降，火车暂停运行，高速公路暂时封闭；

④ 做好牧区等救灾救济工作。

73 雪灾（白灾）级别

根据对多年积雪资料的分析和畜牧业灾情损失调查，白灾被分成如下三个级别（刘志刚 等，2006）。

（1）轻白灾

11 月—翌年 2 月，降雪距平百分率≥20% 或连续两个月降雪距平百分率≥50%，≥5 厘米深的积雪日数≥30 天。

（2）中白灾

11 月—翌年 2 月，降雪距平百分率≥50% 或 12 月和翌年 1 月降雪距平百分率≥250%，≥5 厘米深的积雪日数≥90 天。

（3）重白灾

11 月—翌年 2 月，降雪距平百分率≥100%，≥5 厘米深的积雪日数≥90 天。

74 暴风雪的时、空分布特征

暴风雪也称雪暴，是指大量的雪被强风卷起随风运行，并且不能判定当时是否有降雪，水平能见度小于 1 千米的天气现象，是一种伴有强降雪的风暴天气（黄耀荣，2000）。在民间则一般是指大而急的风雪天气。发生时，寒风凛冽，道路被雪掩埋，形成灾害（顾品强，2011）。

暴风雪冬、春季均可能发生，冬季更为常见。暴风雪在空间上呈线、面状分布。其中，内蒙古东北部、黑龙江中东部、吉林东南部、新疆北部、青海中南部、西藏南部和东北部等地是暴风雪的高发区，有的地区几乎每年都发生。

根据暴风雪天气指数计算公式及暴风雪天气指数阈值，暴风雪天气被划分为四个等级，分别为轻度暴风雪天气、中度暴风雪天气、强暴风雪天气、特强暴风雪天气（赵广娜 等，2019）。

轻度暴风雪天气：可能造成交通阻塞；交通事故频发；影响人们正常活动。

中度暴风雪天气：交通运输可能受阻；影响电力和通信线路的正常运行；严重影响人们正常活动。

强暴风雪天气：交通、铁路、民航运输中断；严重影响电力和通信线路的正常运行；易引起人员失踪或伤亡；易引起房屋倒塌；易引起树木折枝。

特强暴风雪天气：交通、铁路、民航运输中断；易引起电力和通信线路中断；极易引起人员失踪或伤亡；极易引起房屋倒塌；极易引起树木折枝或倒伏。

75 暴风雪会产生哪些衍生气象灾害

暴风雪可能导致一连串的低温冰冻灾害。低温冰冻灾害是因气温急剧下降而发生的一种危害极大的气象灾害，并会形成灾害链，如“低温—雪灾”灾害链、“低温—冰冻”灾害链等。“低温—倒春寒”灾害链则主要是由冷空气活动引起的寒潮影响范围逐步扩大形成。中国低温冰冻灾害在全国范围内广泛分布，主要发生在秋、冬季和春季（杨思全，2023）。

76 暴风雪时应采取哪些急救措施

（1）个人防护

躲藏：尽可能快地跑到建筑物里去。如果距离建筑物较远，可以用一些可以搭建的东西搭建一个简单的掩体。

等：如果身处允许有明火的地方，可以生火，火不但可以保暖，而且可以引起救援人员的注意，有利于保存生命、等候救援。

穿戴：暴风雪时若必须出门，应穿戴保暖、防水的衣物，系紧腰带，以免被大风吹倒或冻伤。

（2）出行交通

如必须出行，应将汽车的油箱装满，并携带可以辨别方位的装备，以免迷失方向。带上充足的户外装备，比如睡袋、保暖衣服、食物、手电筒、医药箱、绳索等。

如遇交通堵塞，人员不可离开驾驶室，应开启前灯，以便于观察；为防止一氧化碳中毒，打开供暖系统时要注意空气流通；在等候救援的过程中不要入睡，保持体温。

77 暴雪和暴风雪的区别

暴风雪和暴雪都是以雪的形式出现的降水，但不是所有的暴雪都叫暴风雪。暴雪一般是 24 小时内累计降雪量达到 10～19 毫米，有一定致灾性。但出现暴雪时，风力可大可小。只有当风速超过 18 米 / 秒，风力一般达到 8 级，能见度极差，气温陡降至 −5 ℃以下时，才会形成暴风雪。暴风雪发生时不一定有降雪，也可能是地面的积雪被大风吹起。急骤的风雪会令人难以辨清方向而发生危险，致灾性较强。

台风灾害

78 台风灾害定义

台风是发展强烈的热带气旋，生成于热带或副热带洋面，是一种深厚而强大的天气系统。台风常带来狂风、暴雨和风暴潮。在气象学上，按世界气象组织定义，热带气旋中心附近最大风力在 12 级或以上（即风速达到 32.7～41.4 米 / 秒）称为台风（typhoon）或飓风（hurricane）。中国把西北太平洋的热带气旋按其底层中心附近最大平均风力（风速）大小划分为 6 个等级，其中心附近风力达 12 级或以上的，统称为台风。而在大西洋或北太平洋东部的强热带气旋则称为飓风。“台风”一词，有说来自中国广东话“大风”的发音，传至国外后再次传回国内时译为台风；也有说是由闽南话“台风”演变而来。《国家中长期科学和技术发展规划纲要（2006—2020）》将台风灾害列为影响国家公共安全的主要自然灾害之一，防台减灾已成为中国受台风影响区域各级政府每年的一项重要任务（端义宏，2015）。

台风是一个深厚的低压系统，它的中心气压很低，低层气流主要向中心辐合，顶部气流主要向外辐散。台风中存在着如螺旋雨带、云墙、涡旋等中小尺度系统，它们决定了风速的强弱、降雨的强度和分布（端义宏，2015）。台风在水平方向上从中心向外依次可分为台风眼区、云墙区、螺旋雨带区，见图 9。

台风眼区：这里的风不大，天气晴朗，平均直径 40 千米，水手们开玩笑地把它称为“世外桃源”。因为台风内风是逆时针方向吹，使得中心空气旋转，而旋转时产生的离心力与向中心旋转吹入的风力相互平衡、相互抵消，从而形成了台风中心方圆几十千米的无风区，并且由于大气下沉增温影响，云消雨散，形成了台风眼。

云墙区：是由高耸的积雨云组成的围绕台风中心的同心圆状云带，云顶高度可超过 12 千米，好似一堵高耸的云墙，也称眼壁。这里云墙高耸，狂风呼啸，大雨如注，海水翻腾，天气最恶劣。

螺旋雨带区：紧接在台风眼壁之外，该区域有着较为猛烈的降雨和吹向中心的大风（汤海涛，2008）。

螺旋雨带可分内外云带：外螺旋云带，由层积云或浓积云组成，以较小的角度旋向台风内部；内螺旋云带，一般由数条积雨云或浓积云组成，云带直接卷入台风内部。

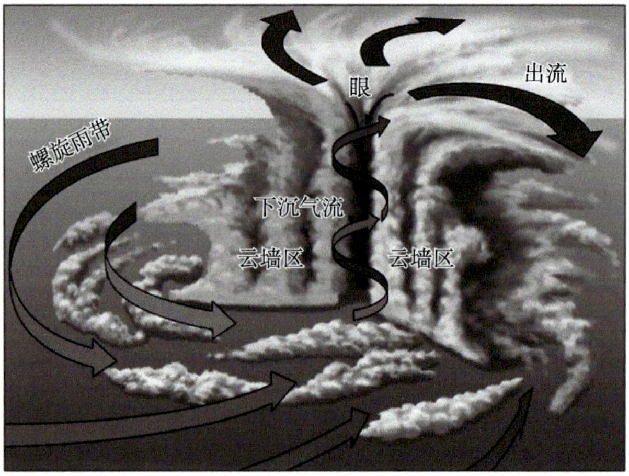

图 9　台风结构

台风灾害主要是在台风登陆前和登陆之后引起的。台风造成的直接灾害主要有大风、暴雨和风暴潮三大类。

据测量，在 12 级风的情况下，垂直于风向的平面上的风压可以达到 230 千克 / 米^2。超级台风带起的强风和巨大的海浪能把沿海的船只掀翻甚至折断，能把大船推到内陆，也足够破坏陆地上的建筑物、桥梁、汽车等。强风还能把地面垃圾吹上半空，以极快的速度飞行，使室外环境变得十分危险。

一次台风登陆，降水中心一天降雨量可达 100～300 毫米，最大可达 500～800 毫米。由台风暴雨引发的洪水具有来势凶猛、破坏力强、危害性大等特点。

台风在向陆地移动过程中，由于强风及低压的影响，海水向海岸快速聚集，水位急升，巨浪排山倒海般涌向海岸，形成风暴潮。台风造成的风暴潮可导致沿岸水位升高 5～6 米。当风暴潮与天文大潮高潮位相遇时，潮汐会产生高频潮位，引起漫溢、海堤溃堤，冲毁房屋及各种建筑物，淹没村镇农田，给人民生命财产带来巨大损失。

此外，台风还容易造成城市内涝、山洪、泥石流等次生灾害。

79 台风等级划分标准

（1）分类

依据《热带气旋等级》（GB/T 19201—2006），热带气旋按其底层中心附近最大平均风速划分为热带低压、热带风暴、强热带风暴、台风、强台风、超强台风 6 个等级（表 4）。

热带低压：中心附近风力可达 6 ～ 7 级，或阵风 7 级以上。

热带风暴：中心附近风力为 8 ～ 9 级，或阵风 9 级并可能持续。

强热带风暴：中心附近风力为 10 ～ 11 级，或阵风 11 级并可能持续。

台风：中心附近风力为 12 ～ 13 级，或阵风 13 级并可能持续。

强台风：中心附近风力为 14 ～ 15 级，或阵风 15 级并可能持续。

超强台风：中心附近风力为 16 级或以上，或阵风 17 级并可能持续。

表 4　热带气旋等级

等级	底层中心附近最大风力 / 级	底层中心附近最大平均风速	
		米 / 秒	千米 / 时
热带低压	6～7	10.8～17.1	39～61
热带风暴	8～9	17.2～24.4	62～88
强热带风暴	10～11	24.5～32.6	89～117
台风	12～13	32.7～41.4	118～149
强台风	14～15	41.5～50.9	150～183
超强台风	≥16	≥51.0	≥184

（2）台风预警信号分类

气象部门根据台风的影响时间和强度向社会发布的台风预警信号分为四级，分别以蓝色、黄色、橙色和红色表示。

台风蓝色预警信号：24 小时内可能或者已经受热带气旋影响，沿海或者陆地平均风力达 6 级以上，或者阵风 8 级以上并可能持续。

台风黄色预警信号：24 小时内可能或者已经受热带气旋影响，沿海或者陆地平均风力达 8 级以上，或者阵风 10 级以上并可能持续。

台风橙色预警信号：12 小时内可能或者已经受热带气旋影响，沿海或者陆地平均风力达 10 级以上，或者阵风 12 级以上并可能持续。

台风红色预警信号：6 小时内可能或者已经受热带气旋影响，沿海或者陆地平均风力达 12 级以上，或者阵风达 14 级以上并可能持续。

80 台风灾害的时、空分布特征

台风受副热带高压影响，一般存在三条路径：一是副热带高压在东南沿海，台风一路向西到东南亚；二是副热带高压在日本东侧，台风转向日本；三是副热带高压在台湾岛东侧，台风便会向西北移动，从而登陆中国。

我国每年深受台风风暴潮影响，据统计，2000—2023 年登陆我国的热带气旋（包含热带低压、未命名气旋）一共 190 个，平均每年 7.9 个（图 10），4—12 月各月均有热带气旋发生，6—10 月为频发期，其中 7—9 月最为集中，占全年的 76%（图 11）。

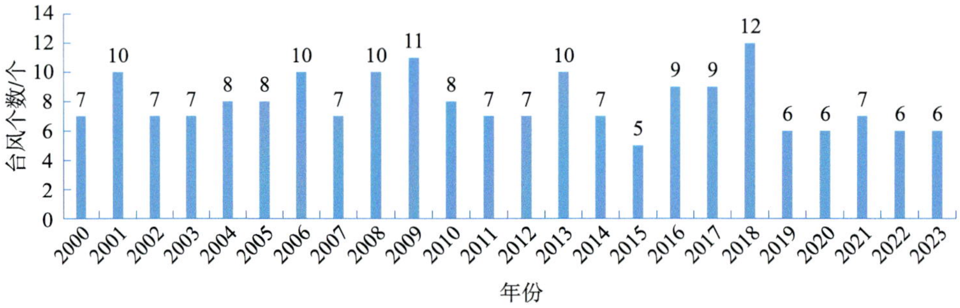

图 10　2000—2023 年登陆我国台风个数逐年变化

（数据来源：中国台风网、中央气象台台风网）

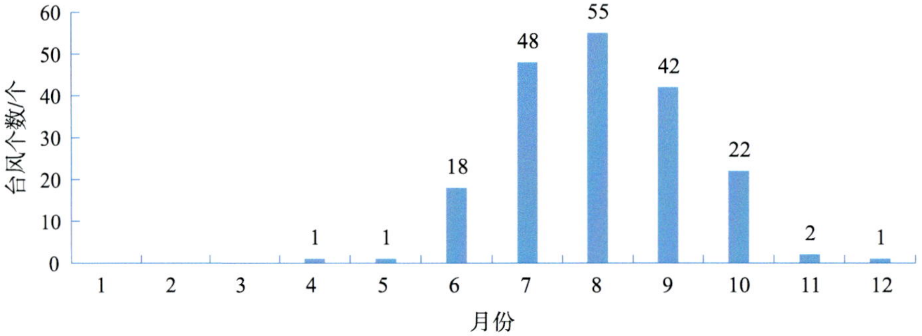

图 11　2000—2023 年平均登陆我国台风个数逐月变化

（数据来源：中国台风网、中央气象台台风网）

中国东南沿海地区是受台风风暴潮影响最为严重的地区（图 12），尤其是浙江东南沿岸、福建闽江口及邻近地区、广东沿岸和海南沿海等岸段，受台风危害最重（杨桂山，2000）。

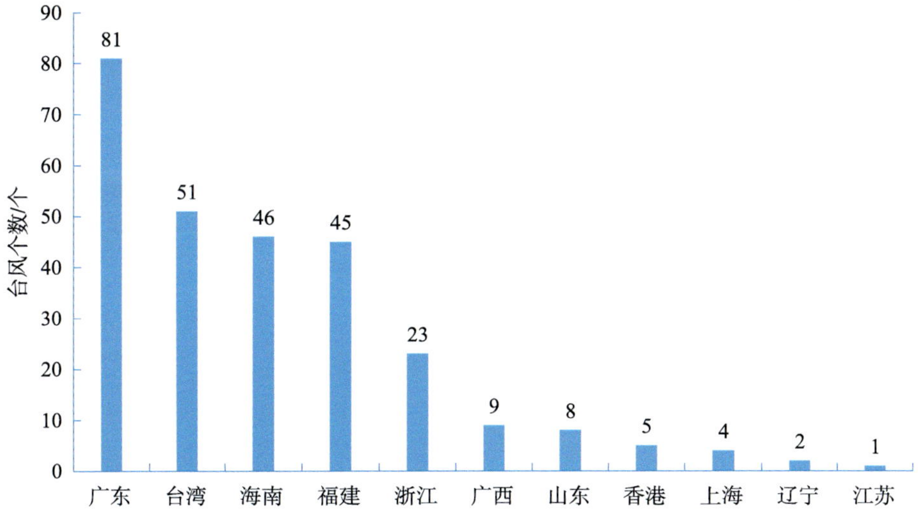

图 12　2000—2023 年登陆各省份台风个数统计

（数据来源：中国台风网、中央气象台台风网）

81 台风灾害的预防措施

密切关注天气预报，做好防范工作。要提前知道自己所在的地区是不是处于台风将要袭击的危险地带。台风登陆时应停止户外集体活动和户外危险作业，减少或不进行室外活动。

有关水域内的船舶应主动回港避风或绕道航行等。对容易被风吹走的建筑部件，如门、窗、围板、棚架、广告牌等进行加固，并切断户外危险电源。掌握安全疏散路线和政府提供的避风地点等信息。台风可能会导致停水、断电等现象，应及时做好生活物资储备。疏通排水设施，使之畅通。对老旧房屋及时进行加固，防止倒塌伤人。

82 台风从哪里来，最后又到哪里去

（1）台风形成的必要条件

海水表面温度高于 26.5 ℃的广阔热带洋面；存在一个弱的热带涡旋；所在位置有足够大的地球自转偏向力；在弱低压上方，高、低空之间的风向风速差别要小。

（2）台风的一般起源

台风通常形成于热带或者副热带海面之上，海洋区域表面温度长时间超过26.5 ℃，海洋表面上方大量的空气受热膨胀就会上升并形成一个低压中心。这时四周新的空气就会不断流入低压中心，被加热后上升，而且上升的空气中含有大量从海洋表面蒸发的水分，这些水分上升以后冷却凝结，在对流层可形成高达10千米厚的云层。随着更多的热空气携带水分不断上升，这些云层会不断变厚，甚至可以增加到12～15千米。水分在高空冷却凝结的过程中会不断释放出热量，这些热量又会进一步导致低层空气不断上升，从而形成一个持续的循环过程，另外在地球自转偏向力作用下，这些上升的气流就会形成一个旋转的空气旋涡。空气旋涡在南半球顺时针旋转，在北半球逆时针旋转。旋涡的中心一般气压最低，通常是950百帕或更低。而地球表面的平均气压是1000~1010百帕。旋涡的气压明显低于周围的气压，而且这种气压差越大风力也就越强。台风会在全球环流的作用下从形成地点开始运动，四处游荡（陈俊鹏 等，2024）。

（3）台风去哪儿了

台风登陆后一般不会存在太久，而台风消亡的原因可能有以下几种：

与陆地摩擦：台风登陆后，受到地面摩擦和能量供应不足的共同影响，会迅速减弱并消亡。

遇到冷水坑：当台风遇到冷水坑时，会逐渐减弱并消亡。

遇到风垂直切变：当台风遇到风垂直切变时，会逐渐减弱并消亡。

雾

83 雾定义

雾是指近地层大气中悬浮着的大量微细乳白色水滴或冰晶的可见集合体。从水平能见度来看，雾可分为轻雾、大雾、浓雾、强浓雾和特强浓雾。雾其实是一种接地的云。

空气中充满了各种物质，包括水蒸气，而且水蒸气的含量会随着温度的变化而变化。温度愈高；水汽含量愈高；温度愈低，水汽含量愈低。当水蒸气含量超出一定温度下空气所能容纳的极限时，多余的水蒸气就会和空气中细小的尘埃粒子结合，形成小水滴或冰晶，这就是雾。如果没有风，或者风不大，大气结构稳定，雾形成后不会马上消散。

84 雾种类

雾的分类法有许多种。根据雾形成的天气条件，可以分为气团雾和锋面雾两大类（党张利 等，2020）。

（1）气团雾

① 辐射雾

辐射雾是陆地上最常见的一种雾，主要发生在晴朗、微风、近地面、水汽充足的夜晚或清晨，通常形成于近地层辐射逆温层中，随气温升高，雾滴会迅速蒸发消散。其水平尺度为数百米至数十千米，雾层厚度小，雾体物理结构不均匀，能见度变化大，一旦太阳升起或风速增大，便会自然消失。

② 平流雾

平流雾是指暖湿气流流经冷水表面或地表时，由于低层空气接触冷却，达到过饱和凝结时所形成的雾。平流雾覆盖范围大，水平尺度可达数百千米至数千千米，其雾层厚度较厚，且具有较为均匀的结构与物理特性。这样的雾经常会伴有毛毛雨出现。

③ 蒸发雾

蒸发雾是指当冷空气通过暖水表面时，由于气温和水温存在很大的差异，水面会发生蒸发，向大气输送大量水汽，于是出现水汽凝结而成雾。在此期间，雾层之上常有逆温层存在，否则就会因对流而消散。蒸发雾的范围小、强度弱，多发生在秋、冬季的水塘附近。

④ 上坡雾

上坡雾是由于湿空气沿山坡上升，在绝热冷却过程中达到过饱和，从而形成的雾。生成这种雾需要湿润而稳定的空气，山坡的坡度要小，不然会形成对流，很难成雾。

⑤ 平流辐射雾

平流辐射雾是由平流及辐射两种因素共同作用造成的。

（2）锋面雾

锋面雾多发生在冷、暖气团交界的前沿，通常伴随着持续降雨，分布于锋面前后，但主要集中在暖锋附近。锋前雾形成于锋前暖云中的雨滴落到地面以上冷空气中，因空气过饱和凝结而成；而锋后雾是由于暖湿空气向暖锋之前冷空气活动过的区域迁移，冷却到过饱和状态而成雾。锋面附近的雾往往是随锋面而动，因此，在军事上经常用它来作掩护，出其不意地攻击敌人。

（3）其他

① 混合雾

兼有气团雾和锋面雾两种雾形成原因的雾叫混合雾。

② 烟雾

通常所说的烟雾是烟和雾同时构成的固、液混合态气溶胶，如硫酸烟雾、光化学烟雾等。

③ 谷雾

谷雾通常发生在冬季的山谷中。当冷空气进入山谷时，暖空气也会经过山顶，这就形成了山谷雾，这种雾可以持续好几天。

④ 冰雾

当任何一种雾中的水滴凝结成冰时，冰雾就产生了。冰雾也叫冰晶雾，通常在冰点以下形成，常见于严寒地区。

85 雾的区域和时间分布特点

雾多出现于春季（2—4 月），一般出现在清晨，因为夜晚的温度普遍低于白天，特别是到了秋季和冬季，地表散发热量要比夏季快得多，温度急剧下降，因此，近地面大气中的水汽在后半夜到清晨更容易凝结成水滴，从而形成雾。南方雾多发生在湿度大时，而北方雾多发生在秋季和冬季。在城市，受人类活动影响经常会出现大雾。除气象因素外，工业生产、汽车尾气排放、冬季燃煤取暖等因素也会引起大气颗粒物浓度升高，进而诱发灰霾天气。

86 雾对人们生活的影响

（1）对交通的影响

雾使道路能见度下降，使驾驶人员很难看清路面状况，对交通有不利影响。同时，由于雾天路面湿滑，汽车的刹车距离延长，易出现侧滑，所以在雾天驾车出行一定要小心，注意打开雾灯、近光灯和示廓灯，并控制好速度和车距。乘坐轮船和飞机也要注意安全。行人亦须留意行车安全（陈磊，2012）。

（2）对电网的影响

大雾也可能导致大面积的电力中断。大雾天，大气中的水分含量高，污染物含量高，容易在输电装置表面凝结，导致装置的绝缘性能快速下降，一旦超出了耐污染容量，就会发生线路闪络，造成停电故障。

（3）对人类健康的影响

雾是水蒸气凝结或凝华而成，不会对人类造成伤害，但如果受环境污染影响，雾气中含有有毒成分，雾便会对人体健康产生危害。在有雾的情况下大气的层结相对平稳，空气流速较低，悬浮在空中的污染物也就越来越多。而日常走路，特别是在大雾天气下运动或者从事重体力劳动，都会在不经意间吸入大量的有毒有害物质，导致支气管炎、哮喘、肺气肿、眼结膜炎等发生，严重的还会诱发高血压、脑出血等疾病，身体虚弱的人可能发生生命危险。雾天时的呼吸不畅、湿度大、光线弱等，也会使有的人情绪低落，易诱发精神疾患；关节炎和腰腿疼痛的发生率也会明显上升。

在有大雾的时候，一定要尽可能地缩短出门的时间，避免运动，如果一定要出门，要戴上保护面罩；雾、霾天还要做好心情的调整，可以把灯光调亮，可以听歌，尽量把抑郁和烦躁的心情调整好，避免生病。心血管病及呼吸系统疾患病人应降低体能消耗，做好保护工作。

87 大雾发生后设施农业应当采取哪些急救措施

持续大雾给农业生产带来的影响主要是寡照、低温、高湿，因此可相应地采取增加光照、保温、除湿措施，大多是应用在设施蔬果的栽培上。

（1）大雾天气发生时

① 防水隔热

要盖足草苫，并铺两道薄膜，以强化保温。二重薄膜既可以有效地隔热，又可以防止作物被大雾淋湿。还可以用麦秸、麦糠、草木灰等覆盖地表，防止热能从土壤中逸出。在大棚四周可以开挖防冻保温沟。防冻沟距离大棚边缘50厘米，40～50厘米深，20厘米宽，用树叶、杂草和马粪填充。在大棚后面开挖一条排水沟，将坑内的泥土堆放在后墙上，高度1～1.5米。

② 光照变暖

用干燥的拖把或者清洁的软布，对大棚稍作擦拭，将上面的灰尘、草屑等杂物清理掉，增强薄膜的透光性，充分利用自然光增强棚内照明。若气温不能满足作物生长需要，可采用烧炭或玉米秸秆，或是增加采暖炉等方法取暖。但是不要使气温升高得太快，只要能保证蔬菜不被冻伤即可。另外，在北侧墙壁上安装2米高的反射式铝合金反射薄膜，可增加室内照明和升高温度。如有需要，也可采用人工补充照明，用三支40瓦荧光灯组合悬挂于秧苗45厘米以上，或采用100瓦高压汞灯悬挂于秧苗80厘米以上进行人工补充光照。每日光照时间的长短要视植物的品种及气候条件而定。

③ 通风降温

12—14 时，视外界温度条件，对大棚内空气进行短时间的放泄，一次 5～10 分钟，放 2～3 次。这并不是单纯的降温，而主要是因为在持续多雾天气下，温室中光合作用所需的二氧化碳浓度不足，所以需要通风换气。

④ 施肥量

当室外温度下降时，应该逐步减少灌溉的频率和数量。在连续多雾的条件下，大棚不能浇水和施肥，否则会导致蔬菜的根系腐烂。如果土壤太干燥需要灌溉，要尽可能地给它浇小水或者用膜下暗浇的方式，这种方式不仅可以节省人工、节省时间，而且可以避免室内空气湿度上升，降低病虫害的发病率。此外，施肥应选用腐殖酸或生物活性菌肥等速溶肥料和速效肥。

⑤ 适度的疏花疏果

在连续有雾的日子里，要适时摘果、适当疏花疏果，降低植物的养分消耗，让营养物质返根，提高植物对逆境的抵抗力。

⑥ 对疾病的控制

在雾天防治大棚蔬菜的病虫害，采用药剂防治时尽可能使用烟雾法或粉尘法，每 10 天一次。通常在晚上结束工作后点燃药剂生烟，封闭一晚上，不仅可以降低湿度，还可以升高温度。若使用喷洒方式，则应尽可能地减少喷药次数，以达到降低室内空气湿度的目的。在喷洒过程中可以添加 0.2% 的磷酸二氢钾在叶面喷施，给植物补充钾、钙等营养元素，增加植物的体液含量，从而提高植物的抗病性。

（2）事后处理

① 预防幼苗的生长

连阴暴晴后，要逐次或间隔地揭开草苫。重要的是，若有植物萎蔫，应间隔放置草苫，待植物恢复后再卷起草苫，待植物再次出现萎蔫时立即放下相关部位的草苫。如此重复数遍，直至将整个草苫掀开后植物才不再出现枯萎。若不加以处理，极易引起“倒苗”。

② 用水或营养物浇注

揭盖后若出现植株萎蔫，可以在叶面上以同等温度的水或营养液进行喷雾，以降低植株的温度和蒸腾，同时也可以进行养分的补给，按照植株的凋萎程度，调整喷雾次数。

③ 药剂根部注射

可以选择某些促进根部生长的药物进行根部注射，以加速根系的恢复；为补充植物所缺乏的营养元素，可选择多种微量元素肥料，以促进植物早期生长。

④ 切掉瓜秧和小秧

在开花打顶后，要对小瓜小果进行摘除，并适时补充有效氮和适当的水分，使植株尽快恢复正常的生长状态。

⑤ 长期监测

若局部地区气候多雾，则应做长期规划。大棚壁应增厚，并通过增大日照入射角度，提升日光的入射效率，从而提高日光的利用效率。此外，还应选择种植耐低温、少光照的蔬菜和水果。

酸雨

88 酸雨的定义

大气中含有过高浓度的酸性物质，如硫酸和硝酸，与降水（雨水、雪、雾等）混合形成的降水过程，就叫酸雨。正常情况下，雨水在大气中与二氧化碳等物质反应会稍微酸化，但酸雨的酸度远高于正常水域值，pH 值小于 5.6，这使得酸雨具有腐蚀性，对生态系统、土壤、水体、植被和建筑物等会造成广泛的损害。酸雨的严重程度取决于大气中酸性物质的浓度、排放源和气象条件等因素。

酸雨是一种全球性的环境污染问题，属于酸性沉降，而酸性沉降又可分为湿沉降和干沉降，前者指的是所有的气态污染物或颗粒污染物被雨、雪、雾、雹携带落到地面，酸雨就属于这种；干沉降指的是没有降雨的天气，由大气中降下的尘埃所含有的酸性物质。酸雨主要由自然和人为两种原因造成，自然原因主要有海洋泡沫、生物腐烂、火山喷发、闪电、细菌分解等。人为原因是人类向空气中排放了大量的酸性物质，主要是燃烧了大量的含硫煤炭、排放了各种各样的汽车尾气。东南亚、北美、西欧是世界上最主要的三个酸雨区。

酸雨是 $pH<5.6$ 的大气降水。空气主要由 78% 的氮气、21% 的氧气、0.037% 的二氧化碳、水汽以及其他惰性气体构成。在空气内，二氧化碳容易溶在水内，构成碳酸，即

$$CO_2 + H_2O = H_2CO_3 \text{（碳酸）}$$

碳酸是弱酸，能够在水内分 2 步进行电离，见下式：

$$H_2CO_3 = H^+ + HCO_3^-$$

$$HCO_3^- = H^+ + CO_3^{2-}$$

依据二氧化碳在空气中的浓度以及常温在水内的溶解度，能够算出洁净降水内的氢离子浓度，以此可以得出 pH=5.6，而在没有人类活动的影响地区，自然降水的 pH 值通常能够达到 5.00 ～ 5.20（蒲章绪，2020），除去二氧化碳，大自然内还具有一些其他的酸性物质能够导致水的进一步酸性化，所以将

pH<5.6 作为酸雨的标准。

89 酸雨产生的原因

产生酸雨的主要原因是人类生产、生活向大气中排放大量的二氧化硫（SO_2）和氮氧化物（NO_x）（刘贵荣 等，2018）。这些污染物主要来自以下活动和过程。

（1）矿物燃料的燃烧

像煤炭、石油、天然气这样的矿物燃料，燃烧时会排放很多的二氧化硫和氮氧化物。这些化合物进入大气后，会与水蒸气及氧气发生化学反应，生成硫酸及硝酸盐，并造成酸雨。

（2）工业排放

发电厂及其他一些工厂所产生的工业废气一般都含大量的二氧化硫和氮氧化物。若不能有效控制污染，它们将被排入空气中，导致酸雨的形成。

（3）交通尾气

氧化氮也存在于汽车排放出的废气中。汽车行驶时将大量的氧化氮释放出来，并与空气中的其他化合物发生作用，产生酸雨。

（4）农耕作业

在农业生产中，肥料和杀虫剂的使用会向大气中排放一氧化氮。另外，农用废弃物在降解过程中会产生氨气，它可在大气中转化为硫酸和硝酸（付成等，2019；陈晓旋 等，2018）。

酸雨对土壤、植物和建筑物都会产生不利的影响，是一种严重危害环境、生态、人体健康的污染物。

90 哪些区域易产生酸雨

酸雨的形成与空气中的污染物排放有关。那些在工业、交通和能源生产方面排放大量污染物的地区更容易遭受酸雨影响。蒲章绪（2020）指出了几个容易产生酸雨的区域。

（1）工业区

工业区通常有大量的工厂和电厂，这些场所通常会排放大量的二氧化硫和氮氧化物等污染物，从而导致酸雨的形成。例如，中国的华北地区、美国的东北部、印度的德里等都是工业密集区，酸雨问题均比较严重（许开成 等，2019）。

（2）人口密度大的区域

城市交通排放是氮氧化物和其他有害气体的重要来源之一。因此，交通密集的城市更容易受到酸雨的影响。中国的大城市如北京、上海等，美国的洛杉矶、纽约等，都位于易受酸雨影响的区域。

（3）燃煤区域

使用煤炭作为主要能源的地区通常面临着严重的酸雨问题，因为燃煤会释放出大量的二氧化硫。中国的华北地区和华东地区是燃煤区域，酸雨问题比较突出。

酸性物质产生后，可以被长距离输送到全球各地，即使是离污染源较远的地方，也会遭受酸雨的危害。因此，削减大气污染是防治酸雨危害的关键。

91 如何减少酸雨的发生

我们可以从政府、企业、个人三方面入手，采取多种措施，以达到降低酸雨危害的目的。

降低污染物的排放量。使用较洁净的能源，可以降低煤炭及化石燃料燃烧过程中生成的二氧化硫及氧化氮等。

促进洁净科技的发展。利用更为先进、洁净的烟气净化工艺，例如烟气脱硫、烟气脱硝等，能够实现对工业及电力行业的污染控制。

强化环保监督。应成立并强化环保监督组织，制定更加严厉的环保法律、规范，加大对污染企业的监督与处罚力度，保证企业合法经营。

提高能效。提倡节约能源，提高能量的使用效率，降低能耗，进而降低废气排放量。

支持环保科技研究。增加环保科研经费，促进碳捕获与封存等环保科技的开发与应用。

开展环保教育及提高认识。增强民众的环保意识与认知，提倡生态文明的生存模式，并以永续发展的方式，降低对生态的不利影响。

霾

92 霾的定义

霾，也称灰霾（郑文钵，2008），是悬浮在大气中的大量微小尘粒、烟粒或盐粒的集合体，使空气浑浊，水平能见度降低到 10 千米以下的一种天气现象（中国气象局，2003）。霾一般呈乳白色，使物体的颜色减弱，使远处光亮物体微带黄红色，而黑暗物体微带蓝色。组成霾的粒子极小，不能用肉眼分辨。当大气凝结核由于各种原因长大时也能形成霾，在这种情况下水汽进一步凝结可能使霾演变成轻雾、雾和云。霾主要由气溶胶组成，它可在一天中任何时候出现。

霾的厚度一般比较厚，可达 1～3 千米。目前中国存在 4 个灰霾严重地区：黄淮海地区、长江河谷、四川盆地和珠江三角洲（简称“珠三角”）。霾日主要集中在冬半年，冬季最多，秋季和春季次之，夏季最少，12 月是霾日最多的月份，约占全年霾日的两成（宋连春 等，2013）。

93 产生霾的原因

（1）自然原因

① 独特的地形条件

山区的自然条件对污染物质在水平方向上的传播具有一定的阻碍作用，从而促进污染物的积聚和粉尘的生成。比如珠三角多霾，是由于寒冷空气难以翻过南岭，再加上独特的三面邻海的地形不易产生对流，使得灰霾无法向下传播所致。

② 特殊的大气环流形势

灰霾天气的发生和大气环流有很大的关系。春季和夏季大气层结不稳定，对流运动强，污染物易于扩散，不利于灰霾天气的形成；但秋季和冬季，冷空气活动频繁，地表往往处于冷高压系统的控制之下，使得近地大气层结稳定，空气干燥，风力弱，近地粉尘、汽车尾气不易扩散或稀释，便堆积于地面形成灰霾。以珠三角为例，灰霾天气最为严重的时间在 10 月—翌年4 月。这是因为每年 10 月之后，从大陆来的干冷空气和从海上来的暖湿气流势均力敌，阻碍了空气的流动，再加上南岭山脉的阻挡和副热带高压的影响，珠三角上空的逆温层形成，地表温度低，大气层结稳定，对流运动弱，污染物便滞留在近地面，加剧灰霾天气（周殷，2022）。

③ 独有的气象条件

影响灰霾区大气活动的主要因素为天气条件，而严重的灰霾天气发生时边界层均存在强逆温层。逆温层就像是个锅盖，只有微弱的上升和下降气流，限制了内部物质的扩散与稀释。如果再加上持续的干旱少雨，大气中的气溶胶颗粒增多，水平方向的静风现象增多，日照强度大，湿度小，污染物之间就会发生各种各样的光化学反应，生成粉尘。

（2）人为原因

在城市化过程中，工业生产、机动车尾气、建筑发展等都会导致灰霾天气的增多。

① 工业污染

伴随着工业化和城镇化的快速发展，空气中的细颗粒物含量急剧增加。采石场、水泥厂、燃煤锅炉、废料堆放场地、建筑工地等，都是产生大量烟尘的污染源。此外，火力发电厂废气中二氧化硫产生的硫酸根，化肥厂废气中产生的氨水，都是粉尘的主要来源。

② 机动车尾气污染

机动车尾气是灰霾形成的重要因素，由于汽车、摩托车等的尾气中含有碳氢化合物，燃烧重柴油的车辆排放的尾气中含有炭黑，它们在强日光照射和低湿度的环境中，通过复杂的光化学变化，生成固体残余物（如硝酸盐等）和臭氧。这些固体残余物可以稳定地存在大气中，积累到一定程度就可以形成灰烬。截至 2021 年年底，深圳市机动车保有量超 370 万辆，其中柴油车约 35 万辆，是全国机动车密度最高的城市之一。北京最新一轮细颗粒物（$PM_{2.5}$）来源解析报告显示，截至2024年6月，本地排放污染“大户”是移动源，占比达46%，其中，主要“贡献”来自柴油车和汽油车。

③ 城市的下垫面和能源结构

随着城市化和工业化进程的加快，地表的性质也随之发生了变化。由于城市密度的增大，城市与城市之间的郊区空气污染缓冲地带变得越来越小，污染物因得不到有效稀释和扩散而不断积累，将整个城市圈连成了一个紧密相连的污染系统。就个别城市而言，最近几年，楼房越来越高，高层建筑增加了地表的摩擦因子，阻断了横向气流，使得通过市区的风力显著下降，静风显著增多，这妨碍了空气的自我清洁，不利于污染物的扩散，同时也为粉尘的生成创造了有利的地表环境。

94 灰霾天气的危害

灰霾天气是一种重要的区域性气象灾害，其成分中有毒有害物质含量较高，对人类健康和生态安全的威胁极大。

（1）使空气的能见度下降，导致交通事故增多

灰霾天气时，能见度低，严重影响海、陆、空交通，特别是对于航空来说，是一个非常严重的问题。

（2）使空气质量恶化，诱发多种疾病

灰霾空气中的颗粒物大多很小，特别是有许多亚微米级的颗粒，它们会在上下呼吸道和肺部沉积，从而“干扰”机体的免疫力，导致呼吸道疾病。粉尘中悬浮的污染物包含一些有毒的成分，它们既有一定的化学性质，也参与一些生理、生化活动，可以携带致病菌，进入人体后，很容易引发炎症，对肺部造成伤害。

人体需要阳光中的紫外线才能合成维生素D；日光紫外线是天然的杀菌灭毒物质。而灰霾会降低阳光的照射，使得地表的紫外辐射强度降低，容易造成儿童佝偻症的多发，导致细菌、病毒活动增强，致使传染疾病的发生。

灰霾对心血管也有很大的影响，长期处在灰霾天气高发的环境下，会加重心脏疾病和肺部疾病。灰霾对人的精神也有一定的负面作用，导致人产生悲观情绪。当大气质量恶化时，人们就会感到压抑，特别是那些心理脆弱或者有心

理问题的人，在这样的天气下，会感到很大的压力，变得很焦虑，心情也会变得抑郁（吉春玲，2022）。

95 雾和霾的区别与联系

雾和霾的区别主要在于水分含量的大小。雾的主要成分为小水滴或冰晶，而霾却是由大量极细微的干颗粒物均匀地浮游在空中形成的。雾的相对湿度达到 90% 以上，霾的相对湿度低于 80%。相对湿度在 80% ～ 90%，是雾和霾的混合物。简单地说，霾主要是工业化和城市化的产物，与空气污染有直接关系；而雾属于自然的天气现象，与空气污染只存在间接关系（吴兑，2008）。

干热风

96 干热风的定义

干热风是指小麦生长发育后期出现的一种高温、低湿，并伴有一定风力的农业气象灾害。干热风是小麦特有的灾害类型，一般发生于小麦即将成熟时，往往造成其严重损失。干热风在中国北方麦区经常发生，一般会导致小麦减产5%～10%，危害严重年份减产可超过20%。

97 干热风标准

干热风发生的气象标准为“三三三”制指标，是根据小麦受干热风危害情况，选用温、湿、风三要素组合确定，即日最高气温≥30 ℃、相对湿度≤30%、风速≥3米/秒。同时，中国气象局依据风日、天气过程和年型等，制定了行业标准《小麦干热风灾害等级》（QX/T 82—2019），对小麦干热风等级指标进行了划分（表5）。但是，不同的农业生产区小麦干热风发生的气象指标略有差别，如宁夏灌区春小麦乳熟成熟期，当最高气温≥32 ℃、最小相对湿度≤30%、平均风速≥2.5米/秒时就会发生干热风；而河南省小麦干热风发生的气象指标为：14时平均气温≥30 ℃，相对湿度≤30%，平均风速≥2.0米/秒。

表5 小麦干热风等级指标

类型	等级	指标
干热风日	重	14时气温≥32 ℃，相对湿度≤25%，风速≥3米/秒
	轻	14时气温≥30 ℃，相对湿度≤30%，风速≥3米/秒

续表

类型	等级	指标
干热风天气过程	重	连续出现 2 天以上重干热风，或 3 天以上轻干热风
	轻	连续出现 2 天以上轻干热风，或 1 天轻 1 天重干热风
干热风年型	重	1 年中出现 1 次重干热风，或 1 轻 1 重干热风过程，或 2 次以上轻干热风过程
	轻	一年中出现 1 ～ 2 次轻干热风过程

98 哪些地区容易发生干热风

中国小麦干热风主要集中在黄淮平原，其余则分布在西北地区、华北地区，甚至云贵高原地区。西部新疆、宁夏、青海、内蒙古河套等地为干热风多发区，干热风发生程度随海拔升高而降低，海拔 1700 米以上几乎无干热风出现，且盆地干热风重于山区干热风。青海省干热风气象灾害主要集中在青海高原西北部和东部农业区，尤其以海东地区的循化、海西地区的小灶火最为严重，50 年来循化共出现 150 次干热风，占全国所有干热风日的 15%，为干热风灾害最多的地区（胡玲 等，2014）。

99 干热风类型及影响

干热风危害一般分为高温低湿、雨后青枯和旱风三种类型，以高温危害为主。高温低湿型干热风危害的气象指标：日最高气温≥32 ℃，14 时相对湿度≤30%，14 时风速≥3 米 / 秒为轻干热风；日最高气温≥35 ℃，14 时相对湿度≤25%，14 时风速≥3 米 / 秒为重干热风。雨后青枯型干热风危害的气象指标：小麦成熟前 10 天内有 1 次小至中雨以上降水过程，雨后猛晴，温度骤升，3 天内有 1 天同时满足最高气温≥30 ℃、14 时相对湿度≤40%、14 时风速≥3 米 / 秒。旱风型干热风危害的气象指标：最高气温≥25 ℃，14 时相对湿度≤25%，14 时风速≥1.4 米 / 秒。

干热风的危害程度与干热风出现前几天的天气状况有关。例如，雨后骤晴，紧接着出现高温低湿的燥热天气，则危害较重。在干热风发生前如稍有降水，对于减轻干热风危害是有利的。

在北方，干热风主要危害小麦，是北方麦产区的主要农业气象灾害之一。北方小麦在乳熟中、后期遇干热风，将受严重影响，使粒重减轻，产量下降。

长江中下游水稻在抽穗扬花期遇干热风，会使柱头变干，从而影响授粉；在灌浆成熟期遇干热风，则导致籽粒逼热。棉花遇干热风会导致蕾铃大量脱落。

100 干热风的预防和急救措施

在生产实践中，要加强对干热风灾害的防范，综合运用生物、农业和化学等多种手段，降低干热风的危害。

（1）生物防御

干热风生物防御是指利用生物抑制热风，以及培育生物改善生态环境的方法。林带可降低干热风强度，缩短干热风持续时间，降低干热风发生次数。在干热风易发区种植防护林能够使风速减小 30%，蒸发减小 19%，相对湿度增大 4%，气温下降 0.3 ℃，土壤相对湿度增大 3%。实现桐—麦间作可有效抵御或缓解干热风危害。果园—粮间作体系能够抵御灾害性干热风（尤其是在小麦成熟期），同时，还可以改善农田的微气候，起到降低风速、调节空气温度和湿度、提高土壤水分含量的作用。果园—玉米间作可使干热风害天数减少 85%，高温灾害天数减少 70%。

（2）农事措施

① 适时适度灌水

喷灌可以有效改善农田小气候，在干热风发生时，喷灌使冠层温度明显下降。同时，适时浇足灌浆水，适量喷施“麦黄水”，能达到“以水养根、以根护叶”、延长叶功能期、加速灌浆、延长灌浆期、调控田间小气候、抑制地温升高、防治干热风等目的。土壤湿度是影响冬小麦干热风灾害的重要因素，土壤相对湿度在 10～20 厘米土层中大于 60%，可以减轻干热风危害。

② 优化农作物布局，调整耕作制度

在干热风较重的地区，可以种植早熟品种，使扬花灌浆期尽量避开干热风，减轻其危害；同时，也可适当调整播期，在条件许可时提早播种，避开干热风对小麦生长关键时期的影响。

③ 选择耐干热风的品种

培育具有较高千粒重和耐干热风能力的小麦新品种，是提高小麦产量的一个重要途径。有关研究发现，中秆型小麦品种比矮秆型品种能更好地抵御干热风灾害，而华北地区早熟型和早中熟型品种对干热风具有较强的抗性。黄淮麦区的主要小麦品种中，山农 23 号、良星 77 号、山农 20 号、济南 17 号、吉麦 20 号等品种的抗干热风性能较好。

④ 加强田间管理

深度施肥（20～40 厘米）对冬小麦中下部根系生长有明显的促进作用，可明显提高土壤水利用效率和冬小麦产量，具有增肥、壮苗、提高抗逆能力和缓解干热风危害的作用。

（3）化学方法

抗干热风制剂具有调控小麦生理功能、降低细胞膜电解质外渗、抑制蒸腾、降低水分损失、增强细胞活力和光化学反应效率、增强抗干热风能力、改善籽粒品质及产量的作用。常见的抗干热风制剂有磷酸二氢钾、草木灰水、硼等。小麦灌浆前期及中期喷施 0.2% ～ 0.3% 磷酸二氢钾溶液，可增加植株体内磷、钾含量，增大原生质黏度，提高植株保水能力，增强抗干热风能力。

参考文献

陈俊鹏，周自成，刘飞虹，等，2024. 台风和台风模型研究综述 [J]. 上海节能（1）：124-131.

陈磊，2012. 雾害的影响及防御措施 [J]. 农业灾害研究，2（8）：32-35.

陈渭民，2008. 雷电学原理 [M]. 第二版 . 北京：气象出版社 .

陈晓旋，安婉丽，陈优阳，等，2018. 模拟酸雨对福州平原水稻田土壤化学结合态有机碳含量的影响 [J]. 环境科学学报，38（12）：4796-4804.

陈峪，王凌，赵俊虎，等，2022.2021 年中国气候主要特征及主要天气气候事件 [J]. 气象，48（4）：470-478.

党张利，桑建人，常倬林，等，2020. 六盘山两次大雾过程宏微观物理特征分析 [J]. 宁夏工程技术，19（3）：200-204.

丁一汇，张建云，2009. 气象灾害丛书：暴雨洪涝 [M]. 北京：气象出版社 .

董险峰，2008. 沙尘暴气候效应研究 [J]. 环境保护（10）：46-48.

端义宏，2015. 登陆台风精细结构的观测、预报与影响评估 [J]. 地球科学进展，30（8）：847-854.

付成，朱霞萍，向念念，等，2019. 氨基膨润土对铜镍镉污染土壤的钝化修复研究 [J]. 岩石矿物学杂志，38（6）：807-814.

顾品强，2011. 暴风雪灾害及其防御 [J]. 生命与灾害（1）：4-7.

郭春华，朱秀芳，孙劭，等，2023. 中国不同气候区的高温危险性分析 [J]. 热带气象学报，39（1）：66-77.

韩永翔，张强，董光荣，等，2006. 沙尘暴的气候环境效应研究进展 [J]. 中国沙漠（2）：307-311.

胡玲，汪青春，刘宝康，等，2014. 青海高原干热风的分布特征及其对气候变化的响应 [J]. 气象，40（4）：450-457.

黄耀荣，2000. 西南极沿海雪暴研究 [J]. 海洋学报（6）：124-130.

吉春玲，2022. 雾霾天气的保健 [J]. 开卷有益：求医问药（11）：43.

焦雪，丁海芳，田芳，2020. 化工企业防雷安全指导手册 [M]. 北京：知识产权出版社 .
李璠，肖建设，祁栋林，等，2019. 柴达木盆地沙尘暴天气影响因素 [J]. 中国沙漠，39（2）：144-150.
李娜，2021. 干旱气象灾害研究现状和进展 [J]. 农业科学，11（5）：413-416.
李世奎，1999. 中国农业灾害风险评价与对策 [M]. 北京：气象出版社 .
刘贵荣，汪伟峰，周军，等，2018. 宁波市“十二五”与“十一五”期间酸雨污染特征变化趋势分析 [J]. 中国环境监测，34（3）：39-44.
刘海峰，1977. 低温冷害对水稻生育的影响 [J]. 气象（7）：23-25.
刘志刚，王英舜，辛秀芬，等，2006. 内蒙古锡林郭勒盟牧业气候规划 [M]. 北京：气象出版社 .
吕爱锋，2022. 不同干旱类型演进过程研究 [M]. 郑州：黄河水利出版社 .
马建勇，何清，杨兴华，等，2016. 塔克拉玛干沙漠区域性与塔中局地性沙尘暴特征比较 [J]. 沙漠与绿洲气象，10（2）：36-42.
倪深海，顾颖，彭岳津，等，2019. 近七十年中国干旱灾害时空格局及演变 [J]. 自然灾害学报，28（6）：176-181.
潘庆民，杨元合，黄建辉，2023. 我国退化草原恢复的限制因子及需要解决的基础科学问题 [J]. 中国科学基金，37（4）：571-579.
蒲章绪，2020. 近十年酸雨污染变化特征大数据分析方法研究 [J]. 环境科学与管理，45（10）：59-63.
宋连春，高荣，李莹，等，2013.1961—2012 年中国冬半年霾日数的变化特征及气候成因分析 [J]. 气候变化研究进展，9（5）：313-318.
汤海涛，2008. 厦门地区台风风场模型初步研究 [D]. 重庆：重庆大学 .
陶诗言，1959. 十年来我国对东亚寒潮的研究 [J]. 气象学报（3）：226-230.
田国珍，刘新平，王平，等，2006. 中国洪水灾害风险区划及其成因分析 [J]. 灾害学，21（2）：1-6.
王静静，刘敏，权瑞松，等，2010. 中国东南沿海地区暴雨洪涝风险分区及评价 [J]. 华北水利水电学院学报，31（1）：14-16.
王书裕，1984. 我国作物冷害研究的进展 [J]. 气象科技（4）：75-79.
王振东，2009. 平沙莽莽黄入天——漫话沙尘暴 [J]. 自然杂志，31（6）：360-361，375-376.
吴兑，2008. 霾与雾的识别和资料分析处理 [J]. 环境化学，27（3）：327-330.
吴建金，2010. 设施蔬菜低温冷害的防范技术 [J]. 天津农业科学，16（1）：44-47.

肖稳安，李霞，陈红兵，2010. 防雷专业技术知识问答 [M]. 北京：气象出版社 .
肖稳安，张小青，2006. 雷电与防护技术基础 [M]. 北京：气象出版社 .
许开成，张智星，阳翌舒，等，2019. 模拟酸雨腐蚀环境下锂渣钢筋混凝土轴压短柱试验研究 [J]. 建筑结构，49（4）：64-69.
杨霏云，张玉书，李文科，等，2017. 水稻低温冷害综合评估方法 [J]. 应用生态学报（10）：3281-3288.
杨桂山，2000. 中国沿海风暴潮灾害的历史变化及未来趋向 [J]. 自然灾害学报（3）：23-30.
杨慧娟，李宁，杜子璇，等，2006. 气候变化对内蒙古牧区白灾的影响——基于熵权法分析的锡林浩特市案例研究 [J]. 自然灾害学报，15（6）：62-66.
杨思全，2023. 我国典型灾害链及其风险防控研究 [J]. 湖北应急管理（12）：41-43.
张丁夕，黄飞，2022. 雷雨天使用手机会引雷上身吗 [J]. 发明与创新：高中生（4）：58.
张虎，刘贤德，张亚光，等，2020. 黑河流域中游荒漠区沙尘暴、扬沙和浮尘监测及其与气候因子的关系 [J]. 水土保持通报，40（5）：106-111.
章国材，等，2012. 暴雨洪涝预报与风险评估 [M]. 北京：气象出版社 .
赵广娜，吴岩，关铭，等，2019. 暴风雪天气等级研究 [J]. 标准科学（5）：122-126.
郑舒，2023. 近 23 年登陆我国热带气旋时空分布特征及其影响 [J]. 中国水运（下半月），23（11）：55-57.
郑文钵，2008. 灰霾——一种区域性的气象灾害 [J]. 中学地理教学参考（7）：2.
中国气象局，2003. 地面气象观测规范 [M]. 北京：气象出版社：23.
周殷，2022. 我国雾霾成因及治理进展综述 [J]. 区域治理（3）：62-65.
周自江，2001. 近 45 年中国扬沙和沙尘暴天气 [J]. 第四纪研究（1）：9-17.

附录

暴雨洪涝灾害

河南郑州“7·20”特大暴雨灾害

2021 年 7 月 17—23 日，河南省遭遇历史罕见特大暴雨。17—18 日降雨过程主要发生在豫北（焦作、新乡、鹤壁、安阳）；19—20 日暴雨中心南移至郑州，发生长历时特大暴雨；21—22 日暴雨中心再次北移：23 日逐渐减弱结束。过程累计面雨量鹤壁最大（589 毫米），郑州次之（534 毫米），新乡第三（512 毫米）；过程点雨量鹤壁科创中心气象站最大（1122.6 毫米），郑州新密市白寨气象站次之（993.1 毫米）；小时最大点雨量郑州最大，发生在 20 日 16—17 时（郑州国家气象站 201.9 毫米），鹤壁、新乡晚一天左右，分别发生在 21 日 14—15 时（120.5 毫米）和 20—21 时（114.7 毫米）。特大暴雨引发河南省中、北部地区严重汛情，12 条主要河流发生超警戒水位以上洪水。全省启用 8 处蓄滞洪区，共产主义渠和卫河新乡、鹤壁段多处发生决口。新乡卫辉市城区受淹长达 7 天。灾害发生后，据核查评估，河南省共有 150 个县（市、区）1478.6 万人受灾，直接经济损失 1200.6 亿元，其中郑州 409 亿元，占全省总损失的 34.1%。这次特大暴雨是在西太平洋副热带高压异常偏北、夏季风偏强等气候背景下，同期形成的 2 个台风汇聚输送海上水汽，与河南上空对流系统叠加，遇伏牛山、太行山地形抬升形成的一次极为罕见的特大暴雨过程，对河南全省造成严重影响。强降雨在郑州市自西向东移动加强，河流洪水汇集叠加，加之郑州地形西南高、东北低，属丘陵山区向平原过渡地带，造成外洪内涝并发，灾情极为严重。

一是暴雨过程长、范围广、总量大，短历时降雨极强

17 日 08 时—23 日 08 时，郑州市累计降雨 400 毫米以上面积达 5590 平

方千米，600毫米以上面积达2068平方千米。其中，二七区、中原区、金水区累计雨量接近700毫米，巩义、荥阳、新密市超过600毫米，郑东新区、登封市接近500毫米。这轮降雨折合水量近40亿立方米，为郑州市有气象观测记录以来范围最广、强度最强的特大暴雨过程。最强降雨时段为19日下午—21日凌晨，20日郑州国家气象站出现最大日降雨量624.1毫米，接近郑州平均年降雨量（640.8毫米），为建站以来最大值（189.4毫米，1978年7月2日）的3.4倍。其中，20日午后强降雨从西部山丘区移动到中心城区，强度剧增，15—18时小时雨强猛增，16—17时出现201.9毫米的极端小时雨量，突破中国气象观测记录历史极值（198.5毫米，1975年8月5日河南林庄）。

二是主要河流洪水大幅度超历史，堤防水库险情多发重发

郑州市贾鲁河、双洎河、颍河3条主要河流均出现超保证水位大洪水，过程洪量均超过历史实测最大值。其中贾鲁河中牟水文站7月21日洪峰水位79.40米，超历史最高洪峰水位（1960年11月4日）1.71米；洪峰流量608米^3/秒，为历史最大洪峰流量（2019年8月2日）的2.5倍。全市124条大、小河流共发生险情418处，143座水库中有常庄、郭家咀等84座出现不同程度险情，威胁下游郑州市区以及京广铁路干线、南水北调工程等重大基础设施安全。

三是城区降雨远超排涝能力，居民小区公共设施受淹严重

《郑州都市区排水（雨水）防涝综合规划（2015—2030年）》提出，2030年达到五十年一遇的国家排涝标准（24小时降水量199毫米）。此次极端暴雨远超郑州市现有排涝能力和规划排涝标准，郑州市主城区目前有38个排涝分区，只有1个达到了规划排涝标准，部分市区实际应对降雨能力不足五年一遇（24小时降水量127毫米），即使达到规划排涝标准也不能满足当天降雨排涝需要，20日郑州城区24小时平均面雨量是排涝分区规划设防标准的1.6～2.5倍。16—18时京广快速路隧道附近小时降雨量127毫米，为隧道排水泵站设计标准的3倍。10条内河多处出现漫溢，下游与贾鲁河衔接段存在卡口，壅水顶托影响城区排涝；主城区20日午后普遍严重积水，路面最大水深近2.6米，导致全市超过一半（2067个）的小区地下空间和重要公共设施受淹，多个区域断电、断水、断网，道路交通中断。主城区因灾死亡或失踪129人，占郑州市死亡或失踪人数的33.9%，水淹溺亡为主因，分散在居民小

区、地下室、街道、地铁、桥涵、隧道等多处，时间基本集中在 20 日午后到傍晚。

四是山丘区洪水峰高流急涨势迅猛，造成大量人员伤亡

郑州西部山丘区巩义、荥阳、新密、登封 4 市山洪沟、中小河流发生特大洪水，涨势极为迅猛。因河流沟道淤堵萎缩，许多房屋、桥梁、道路等邻河跨沟建设，导致阻水、壅水，加剧水位抬升，路桥阻水与溃决洪峰叠加破坏力极大。荥阳市崔庙镇王宗店村山洪沟 15 分钟水位上涨 2.4 米，下游 6 千米处的星庙村海沟寨水位上涨 11.2 米。山丘区 4 市有 44 个乡镇、144 个村因灾死亡或失踪 251 人，占郑州市死亡或失踪人数的 66.1%，其中直接因山洪、中小河流洪水冲淹死亡或失踪 156 人，时间高度集中在 20 日 13—15 时。

总的来看，河南郑州“7·20”特大暴雨强度和范围均突破历史记录，远超城乡防洪排涝能力，全市城乡大面积受淹，城镇街道洼地积涝严重、河流水库洪水短时猛涨、山丘区溪流沟道大量洪水，形成特别重大自然灾害。

北京“23·7”特大暴雨洪涝灾害

受台风“杜苏芮”影响，2023 年 7 月 29 日—8 月 2 日，北京市遭遇特大暴雨灾害。

本次特大暴雨极端性强、累计雨量大，引发特大洪水

7 月 29 日 20 时—8 月 2 日 07 时，北京市遭遇了历史罕见特大暴雨。从气象监测数据上看，单站降雨量突破历史极值，昌平区王家园水库降雨 745 毫米，是北京地区有仪器测量记录 140 年以来的最大降雨量。地质灾害监测数据记录到了更高极值，降雨量在 1000 毫米以上的有 3 个点位，700 毫米以上的达 51 个点位。全市平均降雨量 331 毫米，83 个小时的降雨量达到常年全年降雨量的 60%。门头沟区平均 538 毫米，房山区平均 599 毫米。

特大暴雨导致北京市主要河流洪水来势快、量级大、峰值高。永定河卢沟桥站洪峰流量仅 2 小时就从 1000 米^3/ 秒上升为峰值 4650 米^3/ 秒，是 1925 年以来的最大洪峰。大石河漫水桥站最大洪峰流量 5300 米^3/ 秒，是有实测资料以来的最高记录；拒马河张坊站最大洪峰流量 6200 米^3/ 秒，是有实测资料以来的

第二高记录；上述两河断面洪量分别相当于2012年“7·21”强降雨的9倍和4倍。

全力抢险救援，保障人民群众生命安全

7月30日，因丰沙线门头沟段多处出现险情，三列进京列车被迫停车，2831名旅客和乘务人员滞留。接到属地紧急报告和中国铁路集团紧急求援后，北京市委、市政府迅速启动应急机制，组织多方力量，派出先遣组、突击队和救援队，综合采取公路抢通、沿铁路行进、山区道路绕行、空中支援等方式，争分夺秒打通生命通道，经过65小时全力营救，三辆被困列车滞留人员全部安全脱险。

特大暴雨造成严重灾害，西部山区损失重大

据初步统计，共接报地质灾害369起，是多年平均数量的10.5倍。特大暴雨对山区基础设施破坏严重。水利工程方面，逾110条河流发生超标准洪水，逾280千米河道堤防损毁；4座中型水库、13座小型水库、16座水闸出现不同程度的损毁。水务设施方面，20座城乡供水厂、264座农村供水站、18座城镇污水处理厂、363座农村污水处理设施停运或受到影响，逾1980千米供水管线、逾2140千米排水管线受损，全市507个村供水受到影响。电力设施方面，70条10千伏供电线路、1812个台区、逾9600处配电设备受损，造成273个村和16个小区断电。通信设施方面，3188个基站、1367个铁塔、3146千米杆路受到损毁，造成342个村通信中断。交通设施方面，县级以上公路受损93条段，乡村公路受损840条段，256个村交通中断。此次洪涝灾害共造成近129万人受灾，房屋倒塌5.9万间，严重损坏房屋14.7万间，农作物受灾22.5万亩。截至8月9日00时，北京市因灾死亡33人，主要由洪水冲淹、冲塌房屋等原因造成，因抢险救援牺牲5人，还有18人失踪，包括1名抢险救援人员。

台风灾害

2022年，西北太平洋和中国南海共有25个台风（中心附近最大风力≥8级）生成，接近常年平均（25.1个），其中4个登陆中国，较常年（7.1个）少3.1个，与1982、1997和1998年并列为1949年以来历史最少。登陆台风的平均最大风速30.6米/秒，较常年（31.2米/秒）略弱。首个登陆台风“暹芭”

登陆强度强；台风“梅花”登录次数多、强度大、影响范围广。全年台风共造成3人死亡，直接经济损失54.2亿元。与近5年平均值相比，2022年台风造成死亡或失踪人口和直接经济损失均偏少。

首个登录台风强度强。2203号台风“暹芭”于7月2日15时在广东电白沿海登陆，登陆时中心附近最大风力有12级（35米/秒），是2022年首个登陆中国的台风。登陆强度在初台中位列1991年以来并列第四强。受台风“暹芭”影响，7月1—4日广西东部、广东西部以及海南累计降水量超过100毫米，海南三亚（421.6毫米）、广东连平（211.6毫米）日降水量突破历史极值，广东省先后出现了5个陆地龙卷和2个海上龙卷。台风“暹芭”4日停止编号后，其残留云系继续向北移动。

9月14—16日，2212号台风“梅花”先后登陆浙江、上海、山东和辽宁，是1949年以来第三个4次登陆的台风，台风“梅花”4次登陆地点为不同省（市），是1949年以来首次。台风“梅花”在浙江舟山普陀登陆时强度为42米/秒，是2022年登陆中国最强的台风；“梅花”在上海奉贤登陆时强度为35米/秒，是1950年以来登陆上海的最强台风；台风“梅花”还是1949年以来最晚登陆山东、辽宁的台风，打破了1949年以来秋季台风登陆地的最北纪录。受台风“梅花”影响，浙江绍兴、宁波、舟山及山东青岛、烟台等地部分地区累计降水量250～500毫米，绍兴上虞和州、宁波余姚局地达600～707毫米，浙江（2个）、山东（8个）、辽宁（11个）、吉林（2个）共23个国家级气象观测站日降水量突破9月极值，山东福山日降水量（183.5毫米）突破建站以来历史极值。上海沿海、浙江沿海及部分岛礁阵风有12～15级，最大阵风出现在浙江舟山徐公岛（16级，53.6米/秒），浙江东北部沿海海面12级以上大风累计影响12个小时。台风“梅花”造成浙江、上海、江苏、山东等地航班人面积取消、部分列车停运、海上航运停航，浙江、江苏等局地农作物受淹倒伏、设施农业受损、树木倒伏、电线杆折断；另外，台风“梅花”带来的降雨也缓解了江苏南部、上海、浙江北部、安徽南部等地的干旱。

低温冷害

2021年，中国因低温冷冻灾害和雪灾共造成农作物受灾37.9万公顷，直接经济损失133.1亿元。经济损失显著偏轻，属低温冷冻害及雪灾偏轻年份。

2021 年，全国平均霜冻日数（日最低气温≤2 ℃）110.5 天，较 1981—2010 年平均少约 11.1 天，为 1961 年以来最少。2021 年全国平均降雪日数 13.8 天，比 1981—2010 年平均少 12.4 天，为 1961 年以来第五少。

2021 年中国主要低温冷冻灾害和雪灾事件有：1 月上旬强寒潮过程降温幅度大、影响范围广；2 月下旬两次雨雪过程造成河南、山西、陕西、山东、河北、内蒙古等多地雪灾，其中河南受灾较重；11 月上旬和下旬全国型寒潮过程极端性强、影响范围广，造成多地雪灾和低温冷冻灾害（附表 1）。

附表 1　2021 年全国主要低温冻害和雪灾事件简表（陈峪 等，2022）

时间	影响地区	灾害概况
1 月上旬	西北地区和华北地区大部区域、东北地区中西部、黄淮、江淮、江南、华南等	1 月 6—8 日，强寒潮过程影响中国大部分地区，造成西北地区和华北地区大部分区域、东北地区中西部、黄淮、江淮、江南、华南等大幅度降温；东北地区南部、华北地区大部分区域、黄淮、江淮及内蒙古中东部等地部分地区出现大风；辽宁大连、山东半岛等出现大到暴雪，贵州、湖南、福建局地出现冻雨。低温雨雪和大风天气对东北地区、内蒙古、新疆等地畜牧业、设施农业和交通带来不利影响
2 月下旬	河南、山西、陕西、山东、河北、内蒙古等	两次雨、雪过程造成河南、山西、陕西、山东、河北、内蒙古等多地遭受雪灾，其中河南受灾较重
11 月上旬和下旬	北方和中东大部地区出现降温，多地遭受低温冷冻害和雪灾	全国型寒潮和强冷空气过程造成大范围强降温、大风和降雪天气，造成黑龙江、吉林、辽宁、内蒙古、甘肃、宁夏、山西、河北、山东等多地出现雪灾和低温冷冻灾害，给东北、华北、黄淮、西北地区东部等农业、畜牧业、交通、电力以及居民生活带来不利影响